U0180584

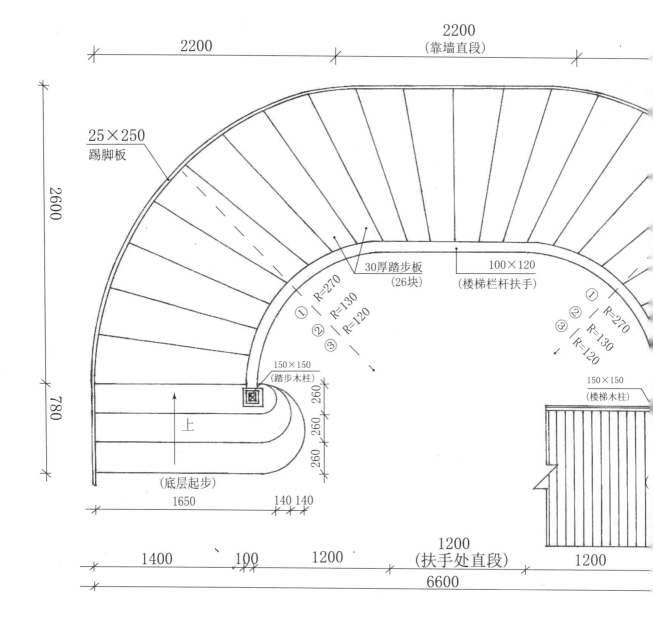

2200

2200
(靠墙直段)

2600

25×250
踢脚板

30厚踏步板
(26块)

100×120
(楼梯栏杆扶手)

① R=270
② R=130
③ R=120

① R=270
② R=130
③ R=120

150×150
(踏步木柱)

150×150
(楼梯木柱)

260

260

260

260

260

上

(底层起步)

780

1650

140 140

1400

100

1200

1200
(扶手处直段)

1200

6600

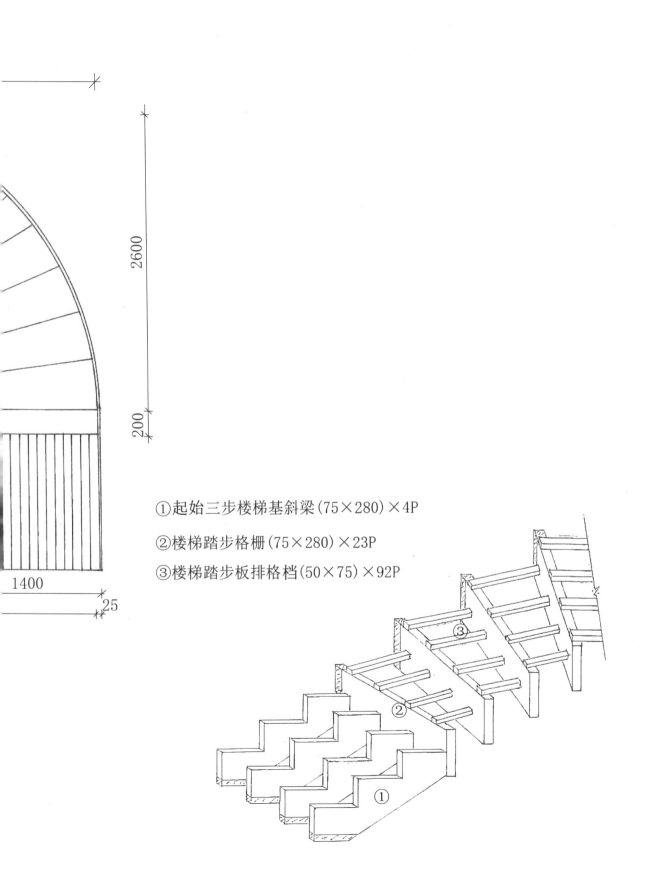

2600

200

1400

25

①起始三步楼梯基斜梁(75×280)×4P

②楼梯踏步格栅(75×280)×23P

③楼梯踏步板排格档(50×75)×92P

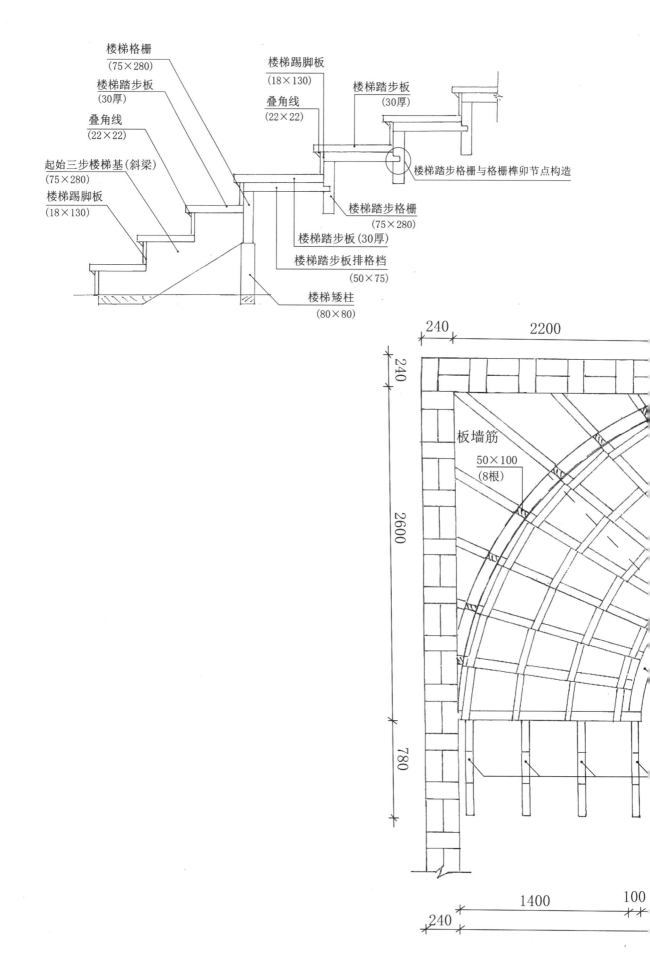

楼梯格栅
(75×280)

楼梯踏步板
(30厚)

叠角线
(22×22)

起始三步楼梯基(斜梁)
(75×280)

楼梯踢脚板
(18×130)

楼梯踢脚板
(18×130)

叠角线
(22×22)

楼梯踏步板
(30厚)

楼梯踏步格栅与格栅榫卯节点构造

楼梯踏步格栅
(75×280)

楼梯踏步板(30厚)

楼梯踏步板排格档
(50×75)

楼梯矮柱
(80×80)

240   2200

240

板墙筋

50×100
(8根)

2600

780

1400   100

240

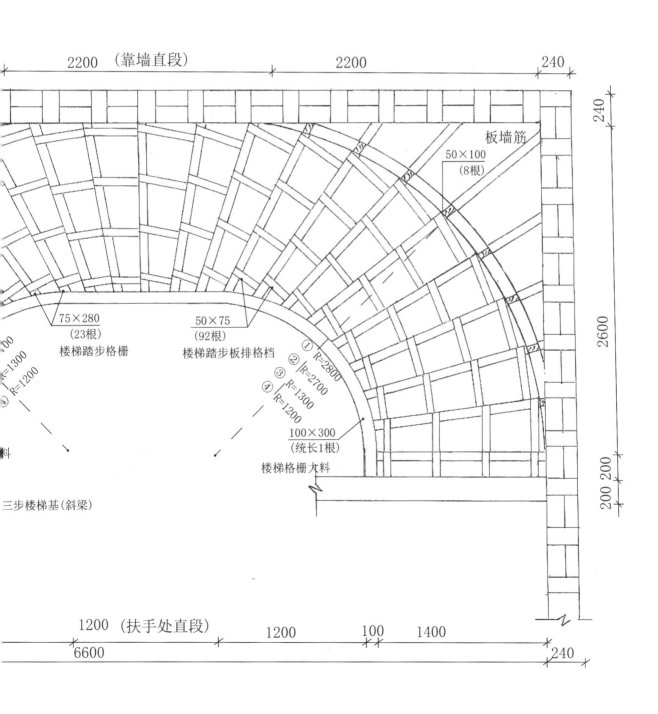

2200 （靠墙直段）　　　2200　　　240

240

板墙筋

50×100
(8根)

75×280
(23根)
楼梯踏步格栅

50×75
(92根)
楼梯踏步板排格档

① R=2800
② R=2700
③ R=1300
④ R=1200

R=1300
R=1200

2600

100×300
(统长1根)
楼梯格栅大料

三步楼梯基(斜梁)

200 200

1200 （扶手处直段）　　　1200　　　100　　1400
6600　　　　　　　　　　　　　　　　　240

图书在版编目（CIP）数据

上海石库门建筑保护修缮技艺 / 李涧主编 .

上海：同济大学出版社，2022.1

ISBN 978-7-5608-9898-8

Ⅰ.①上… Ⅱ.①李… Ⅲ.①民居—修缮加固—上海

Ⅳ.① TU746.3

中国版本图书馆 CIP 数据核字（2021）第 184494 号

上海石库门建筑保护修缮技艺

上海静安置业（集团）有限公司
上海静安建筑装饰实业股份有限公司　编

主　编　李　涧　　副主编　杨少良　沈皎冬

责任编辑　陈立群　（clq8384@126.com）

装帧设计　昭　阳

电脑制作　朱晟楠

责任校对　徐春莲

出版发行　同济大学出版社 www.tongjipress.com.cn

　　　　　（地址：上海市四平路 1239 号　邮编：200092　电话：021-65985622）

经　　销　全国各地新华书店

印　　刷　上海锦良印刷厂有限公司

成品规格　190mm×260mm　256 面

字　　数　323 000

版　　次　2022 年 1 月第 1 版　　2022 年 1 月第 1 次印刷

书　　号　ISBN 978-7-5608-9898-8

定　　价　268.00 元

上海石库门建筑保护修缮技艺

上海静安置业（集团）有限公司
上海静安建筑装饰实业股份有限公司 编

主　编　李　涧
副主编　杨少良　沈皎冬

同济大学出版社

编委会

主　编：李　涧

副主编：杨少良　沈皎冬

顾　问：郑时龄　时筠仑　林　驹　李孔三　陈中伟

编　委：（按姓氏笔画排序）
　　　　王晓悦　李　涧　李振东　杨少良　吴公保　沈　磊
　　　　沈皎冬　陆　新　陈中伟　陈汝俭　茅益迪　顾雪峰
　　　　钱鹤勤　徐超元　黄俊雄　董云霓　董雅莎　褚　烽
　　　　瞿　英

文字、绘图、摄影：（排名不分先后）
　　　　周　祺　金冬炜　陈志良　江苏林

读《上海石库门建筑保护修缮技艺》（代序一）

自 1986 年被国务院命名为国家历史文化名城以来，上海在历史建筑保护和修缮方面走在全国的前列，出现了许多优秀实例，体现了历史建筑的研究、考证、设计、修缮、工法、历史建筑的保护管控和法规等方面共同协调努力的成果，其中，修缮施工功不可没，修缮技艺直接关系着历史建筑保护的品质。

由上海静安置业（集团）有限公司和上海静安建筑装饰实业股份有限公司的能工匠师们撰写的《上海石库门建筑保护修缮技艺》全面介绍了上海的近代建筑创造——石库门里弄建筑及其保护修缮的技艺，这是具有指导意义的创举，为上海数百万平方米的里弄建筑以及大量历史建筑的修缮提供了详尽的指南。

居住建筑对城市空间的影响起着决定性的作用，上海的里弄建筑是居民聚居点的基本单元，成为上海居住建筑的主要类型，同时也是上海独特的居住建筑模式。"石库门"泛指早期的里弄住宅类型，包括旧式石库门、新式石库门、广式石库门里弄建筑等。

本书的成就归功于上海市房屋管理局的研究课题"静安区石库门保护修缮工艺"的研究报告，该课题从上海石库门的资料查阅、照片拍摄、整理编制、规范原则、查勘设计、历史考证、材料分析、传统工艺、施工修缮与竣工验收等环节，总结以往修缮过的工程经验以及张园调查的案例，最大程度还原石库门建筑的历史文脉、艺术与价值，实为经验之总结。古人云，"工欲善其事，必先利其器"，"器"说的是工具，但重要前提是能"善"的"工"，就是"匠师"，就是匠师的"技艺""技能"和"工匠精神"。

先秦时期的《周礼·考工记》对工匠的技艺赞美有加："百工之事，皆圣人之作也。烁金以为刃，凝土以为器，作车以行陆，作舟以行水，此皆圣人之所作也。"又赞誉能工巧匠："天有时，地有气，材有美，工有巧。"百工之善表现在"以饬五材，以辨民器"。静安置业（集团）有限公司高度重视匠师培养和传承，于 2018 年率先成立了大师工作室，为历史建筑的保护修缮和传统技艺的传承建立了具有里程碑意义的制度，本书就是实施该项制度的成果。

由于文化传统、管理机制、建筑法规、建筑技术和建筑材料等因素的差异，以及历史形成的现状，上海的建筑遗产保护有着特殊的体制和技术问题，一方面需要总结历史经验，努力保护建筑文化遗产，另一方面也要探索保护的模式、机制，研究保护修缮材料、技术及工艺。

经过长期的实践修炼、调查研究和现场查勘，在上海历史建筑修缮施工中摸索制定出了石库门里弄建筑保护修缮工艺手册，将上海石库门里弄建筑修缮的模式、经验、成效固化，为今后行业制定修缮标准提供参考和探索的经验，也可在全市的石库门里弄建筑修缮中形成可供参照和推广的模式。匠师们对传统的房屋结构、建造方式、施工工艺、构造节点、选材用料、配方配比、室内装修等了然于胸。在时代进步的背景下，传统技艺并没有失传，匠师们一方面继承了传统的技艺，另一方面又在修缮实践中结合材料变化，引进现代技术。经过精心梳理，提出技术标准，提高了历史建筑修缮的科学性，具有普遍的指导意义。

也只有由匠师亲自总结并撰写关于修缮技艺的指南才具有如此重要的理论意义和实践意义，本书不仅适用于石库门建筑的修缮，也在相当大的程度上可供其他类型的历史建筑保护修缮参考。

郑时龄

序 二

近年来，随着上海转变城市增长方式，日益转向精细化发展，倡导有机微更新，愈加重视对城市存量空间资源的利用，历史建筑的保护与修缮更显重要。

早在2016年，时任上海市委书记韩正，在调研城市历史建筑、历史风貌保护工作时强调：历史建筑、历史风貌是城市历史的延续、文化的积淀，做好历史建筑、历史风貌保护工作，是上海贯彻落实中央城市工作会议精神的一项重要任务，同时，也要努力把静安建设成为国际化程度更高、综合竞争力更优、群众幸福感更强的城区，各项工作走在全市前列，成为中心城区新标杆、上海发展新亮点。2019年初，上海市委书记李强来到张园调研并指出，坚持"留改拆"并举，深化城市有机更新，加强历史风貌保护，全力打好旧区改造攻坚战。

静安置业集团在 2019 年启动了张园地块保护性征收与维护看护工作，编制了张园"一幢一档"资料档案，目的是在房屋看护阶段，对房屋建筑与人文历史进行全覆盖记录；同时针对历史建筑的查勘、设计与施工修缮，编制了《上海石库门建筑保护修缮技艺》。本书的编著，总结了静安置业集团几十年来的实际工作经验，全面系统总结了石库门建筑保护修缮的查勘设计、施工要点等，填补了重要的行业空白，对指导石库门建筑修缮具有重要的现实意义，体现了企业的核心竞争力与社会责任。

我们希望通过对石库门建筑保护系统的总结，通过资料查阅、照片拍摄、整理编制、历史考证、材料分析、传统修缮工艺等环节，最大程度总结石库门建筑的保护修缮技艺。

希望读者能对本书提出宝贵建议，我们将把这些宝贵的意见融入以后的石库门建筑修缮事业中。相信我们会将石库门建筑的保护修缮技艺更好地传承下去。

时筠仑

序　三

　　最近几年，对于上海石库门里弄的研究盛行，主要体现在理论和史料等学术性研究较多，少有较为深入的对石库门里弄修缮技艺的研究。本人从 1981 年开始从事上海石库门里弄房屋修缮工作，并专心致志学习，苦于当时没有系统的修缮技艺的研究和总结，只有零星资料和相关操作规程可以借鉴，大多是经验传承。《上海石库门建筑保护修缮技艺》的问世，打破了三十多年未有此类书籍的出版记录。本书通过照片、构造节点图、手绘放样图等各种形式，图文并茂，深入浅出地介绍了上海石库门里弄房屋的营造技艺、建造用料和传统修缮施工工艺。内容齐全，技术含量深厚。本书是由具有 60 年修缮经验的企业——上海静安置业（集团）有限公司将几十年来一直相传的传统修缮技艺加以整理、总结和提炼后，由资深工匠、工程技术人员等组成的编写组编著而成，具有较强的技术性与实操性，一定会受到广大房屋修缮工作者的喜爱，其施工技艺也会被广泛应用。

林　驹

　　本书主要以静安区石库门建筑为例，回顾梳理了上海石库门建筑发展的背景条件，调查分析了上海部分石库门建筑的保存状况，并在此基础上，对修缮勘察、设计与施工案例，以及修缮分类，维修周期确定等作出了技术探索。如结合张园石库门建筑，在勘察顺序、方法等分门别类，从上到下进行归纳整理并用文字、图纸、照片清晰表达了实地勘察的方法和手段。

　　本书对石库门建筑的空间布局，结构体系和细部特征进行了专题研究，探讨了石库门建筑修缮的设计施工特点和施工方案编制内容，尤其是查勘和修缮工艺的详细论述和研究，对指导具有文物历史价值的石库门建筑修缮具有重要的现实意义。

目前上海石库门建筑遗存较少，对其进行保护与修缮更显重要。本书的出版会对石库门建筑的保护修缮具有很大的借鉴意义。

李孔三

上海是一座非常独特的城市，1843年开埠后迅速演变成为当时远东最大的国际大都市，1949年后成为全国重要的工业城市。其中数量最大、和老百姓关系最为密切的石库门建筑，一度被视为上海的一张名片。

因城市建设和更新，上海人民引以为豪的石库门里弄建筑逐步消失。随着上海从原先的"拆、改、留"转化为"留、改、拆，以保留保护为主"的城市建设理念，倡导石库门里弄建筑的有机微更新，注重历史建筑的保护与修缮显得尤为重要，面对自然老化和人为破坏等各种因素，石库门里弄建筑保护的任务更加艰巨。

如何保护石库门里弄建筑，保护性修缮石库门里弄建筑是一门技艺。上海市对石库门里弄建筑的保护、修缮一直走在全国前列。但系统总结石库门里弄建筑保护、查勘、设计、修缮技艺、材料选用、竣工验收的书籍并没有。本书是迄今为止对石库门建筑修缮技术阐述较为全面的专著，较为完整地介绍了上海石库门建筑的修缮技术。

本书着眼于石库门建筑的查勘、设计、修缮施工、质量标准等修缮过程关键环节，系统总结了上海石库门里弄建筑修缮的方法和工艺，大部分修缮技艺和图纸由房修一线工匠口述并绘制，其出版不仅对上海石库门建筑的修缮有重要借鉴和指导意义，也必将进一步提高上海石库门建筑的保护修缮技艺水平，并对上海市历史建筑保护修缮工作起到积极的推动作用。

陈中伟

目　录

15

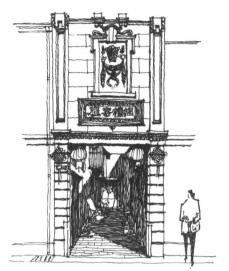

第一章　石库门建筑概况

上海的石库门建筑文化孕育并滋养了上海近代文明，作为一种象征，石库门建筑文化是近代上海的文化特征之一。石库门建筑广泛分布于上海的各个区域。

一、石库门里弄介绍

石库门建筑遍布上海中心城区各处，它是上海的标志，也是上海骨子里的"底色"。无数老上海人的生活记忆，就曾留在这一条条弄堂之中。

"里"，指的是群居、聚集的地方；"弄"，指的是建筑物间狭窄的通道。两个字连起来，就是由一条条小弄组成的住宅群。

（一）总　弄

总弄即石库门建筑的交通主干道，也是石库门建筑中最大的公共通道（图1-1、图1-2），同时，也是展示石库门建筑风貌和里弄风情的空间场所。

（二）支　弄

支弄是总弄的分支，犹如树枝分岔，是从总弄到各幢石库门建筑前后出入口的通道（图1-3、图1-4）。

（三）石库门建筑各部位介绍

石库门建筑按功能划分，主要由前天井、客堂、厢房（前厢房、后厢房）、前楼、灶披间（卫生间）、楼梯间、亭子间、晒台、

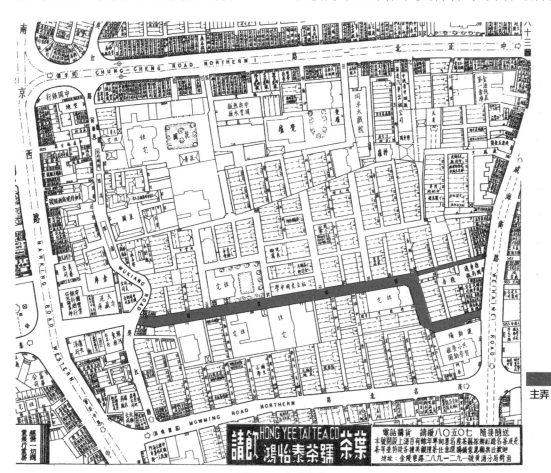

图 1-1　张园总弄

图1-2 张园总弄实景

图1-3 张园支弄实景

后天井等组成。

　　建筑外立面由清水墙、腰线、山墙山花、石库大门、木门窗、悬挑阳台、勒脚、老虎窗、屋面等构件组成（图1-5～图1-11）。

（四）天　井

　　石库门建筑是一幢独立使用的单元体，天井则是在周围建筑环抱中留置出的一块露天功能性场地。石库门天井是缩小版的庭园，集通风、采光于一体，弥补了因建筑密度高，弄堂狭窄，通风采光不良的缺点。通常一幢石库门房屋内有两个天井，前天井、后天井或内天井。

　　前天井：位于整幢房屋南面底层的一块露天场地，进深长3.6～4.8m，宽4.8～5.2m，前天井南面是高4.5～5m

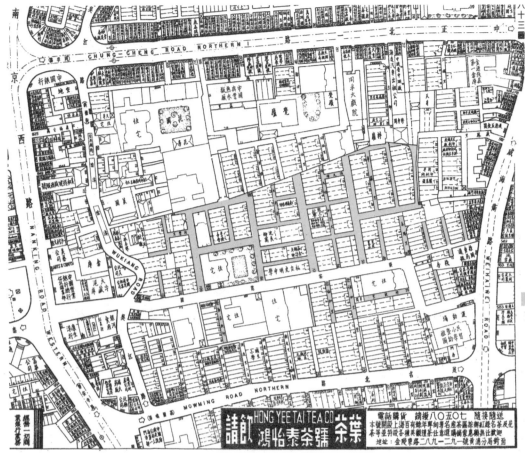

支弄

图 1-4 张园支弄

图 1-5 石库门正立面示意图

图 1-6 石库门模型（南立面）示意

图 1-7　石库门模型（北立面）示意

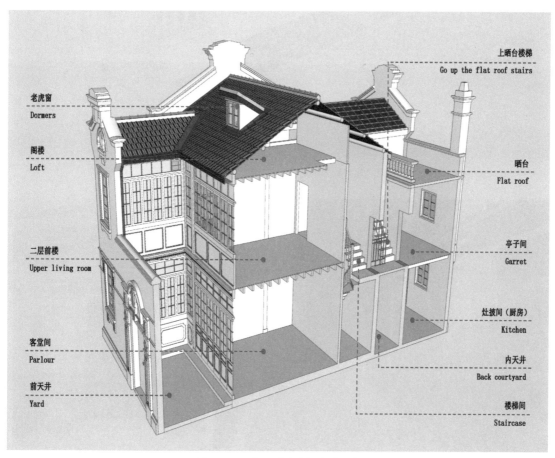

图 1-8　一客一厢房空间布局示意

老虎窗
Dormers

阁楼
Loft

二层前楼
Upper living room

客堂间
Parlour

前天井
Yard

上晒台楼梯
Go up the flat roof stairs

晒台
Flat roof

亭子间
Garret

灶披间（厨房）
Kitchen

内天井
Back courtyard

楼梯间
Staircase

21

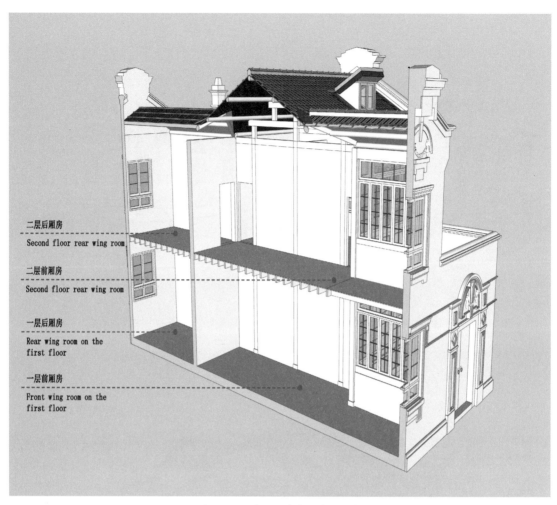

二层后厢房
Second floor rear wing room

二层前厢房
Second floor rear wing room

一层后厢房
Rear wing room on the
first floor

一层前厢房
Front wing room on the
first floor

图 1-9　一客一厢房空间布局示意

图 1-10　石库门里弄建筑

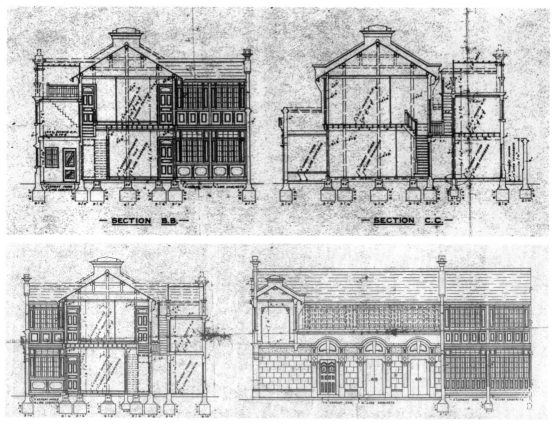

图 1-11　某石库门建筑历史图纸

的一道天井围墙。围墙中央设立一樘用石条组成的门框，用实拼木做成的双扇木门——石库门。从外面推开双扇石库门进入前天井，前天井也是这幢房屋从前门进出的通道。前天井北面底层是前客堂，门面装有六扇联排落地长窗，二层是前楼，装有联排六扇摇梗窗，窗下部是木裙板。东西两面为厢房，底层厢房墙上装有联排六扇摇梗窗，包括虎口窗一扇，窗下墙为水泥台度板或磨石子花板台度板，二层厢房与二层前楼相仿（图 1-12）。

后天井：是在整幢房屋的北面，四面都有建筑体，中间是一条宽 1.2～1.4m、长 3.6～4.8m 的窄长露天通道，向北通向

后门；向南连接楼梯间，是从后门出入该幢房屋的主要通道。后天井北面是 3.5～4m 高的后天井围墙，围墙内有樘木后门，后天井南面是楼梯间外墙及一樘木门。后天井两旁边一面是底层灶间、二层亭子间外墙面及晒台上的女儿墙，一面是与隔壁相隔共用的后天井。围墙高度与后门围墙接通，后天井也用于补充加强楼梯间、灶间、亭子间的通风采光。

内天井：是在整幢房屋中段位于楼梯间北面灶间南面一条宽 1.2～1.4m、长 3.6～4.8m 的窄长露天空地，不作主要通道，供楼梯间、灶间、亭子间采光通风用（图 1-13）。

图 1-12　前天井

图 1-13　内天井

（五）客堂间

客堂间前面是前天井，后面则是楼梯间，左右两旁是两品立帖构架的砖砌填充墙，与东西厢房一墙之隔。

客堂间东西宽为两品立帖木构架开间之距，约 3900mm，南北进深长是立帖廊柱到后面金柱之距约 5800mm（后面金柱到廊柱之距为楼梯间），面积 22-23m²。客堂间净空高度 3800mm 左右。

客堂间南立面是一樘由三根通长木横槛，两根通长竖直梃组合成的木门窗樘子，上部是 800mm×3900mm 用于采光的一扇通常固定的腰头玻璃窗，下部是一排通长宽 650mm×2850mm 联六扇可脱卸摇梗式开关落地长窗（款式如同大脚玻璃门，所有落地长窗都可开关脱卸），以此做出与

图 1-14　客堂间

前天井隔断的立面。

客堂间北立面其木门框樘撑立，门扇开关形式均同，南立面只是门扇款式有所不同，所有门扇都用10mm薄板作贴面改做成通长横向长板门扇，使用功能与南立面一样，是与楼梯间的隔断。

客堂间东西立面是与东西厢房合用的同一垛立帖填充墙，在东西填充墙南端（立帖的廊柱与金柱之间）各设有一樘通往东西厢房的木门樘带门扇。

客堂间顶部为格栅平顶，地面用花砖或马赛克铺设地坪。

客堂间主要在正中央布置搁几台，其倚靠的墙面上挂有字画。搁几台面上有佛龛盒、花瓶等摆件，靠搁几放有八仙桌、太师椅，客堂间两旁摆设有茶几与太师椅，是住宅主人接待来访客人的主要场所。由于客堂间南立面的落地长窗能随意脱卸，与天井连成一片，也常被住宅主人用来宴请客人，也是住宅主人养心安神念佛诵经的修身之地（图1-14）。

（六）楼梯间

新式石库门的楼梯布置方式由横向改为纵向，大多安排在分户墙旁边，采光与通风问题也引起重视。坡度也较平坦，梯宽一般为900mm，踏步厚度20mm，扶手栏杆有明显改进，木栏杆用料扶手为80mm，直档为40mm。

后期新式石库门楼梯用料更考究，采用柚木，木雕精良，成为住宅内醒目的部位。楼梯背后除了做平顶外，下部空间多辟为储藏室。

楼梯间是专为容纳楼梯设置的一块空间区域，楼梯间位置的形状、大小、空间、高度取决于所建造房屋的样式、楼梯款式。早期石库门建筑建造中房产商看重房间得房率，往往对辅助性面积如走廊、楼梯间尽量压缩到最小面积。石库门建筑以二层为主，很少有三层的，布局大同小异，因此石库门建筑的楼梯也各有不同，如：单向直跑楼梯、双向对跑楼梯、曲尺转角楼梯等。由于楼梯款式不同，其楼梯间占用的空间区域面积也不同，所处位置也不同。以张园地块石库门房屋中的楼梯为例，楼梯是双向对跑楼梯，楼梯梯段宽900mm，因此楼梯间总宽度为1900mm。楼梯间长是两品立帖构架之间的开间宽度，故楼梯间长为 3900mm。楼梯间净高空间为两层楼面高度相加（3900mm 底 +3600mm 二层）7500mm。一楼楼梯间位置在底层，南面与客堂间北面的隔断长板门一板之隔，通过长板门能直达客堂间北面与后天井，楼梯间北面与灶间南面（或内天井）一墙之隔，楼梯间北面设立通向后天井或内天井的门扇一樘（图1-15）。

图 1-15　楼梯间

（七）灶披间（厨房间）

"灶披间"一词在沪语中为厨房间的意思。

灶披间在石库门建筑中位于底层北侧，楼上为亭子间。北墙靠弄堂并紧挨着后门。东墙或西墙靠着后天井，北墙有窗，墙上有后门，地坪为花岗砖或水泥地坪。

早期石库门灶披间独用并设有大灶头，因此在灶披间靠北面墙上都砌有一道烟囱，烟道穿向晒台，后因灶头取消改用煤球炉子后，烟囱烟道也是在灶间内向上通风。灶披间除了烧饭外，也是洗菜、洗碗、洗衣服的场所（图1-16）。

随着住户人家增加，小小的灶披间，几户人家同时烧饭、洗刷，就显得拥挤，有时常为一个水龙头的用水，引发几户人家不和……

图 1-16　灶披间

（八）厢　房

一正两厢房是石库门建筑布局中的固有特色，是典型石库门建筑风格的代表（另有一正一厢房格局）。一正是指面朝南直对前天井正中的房间，即底层客堂间、二层前楼，两厢房是指挨着客堂间或前楼左右展开的两个房间，东厢房和西厢房。厢房间在石库门里因所处楼层不同，落座方位不同及厢房内间隔断位置不同，则有底层厢房、二层厢房，前厢房、后厢房等诸多称呼。如将诸多称呼组合在一起应用，能迅速准确找到所去的厢房间（如：二层东前厢房，底层西后厢房等）（图1-17）。

图 1-17　厢房

图 1-19　阳台

图 1-18　晒台

（十）阳　台

石库门建筑阳台的位置通常设立在二层以上厢房间南立面的外墙上，也有设置在整体建筑的山墙两端。外墙阳台是二层以上房间破墙面出悬挑在外立面的一块露天构造平台面。面积虽小但可以供户外活动，同时也为石库门建筑外立面增添了变化（图 1-19）。

二、石库门建筑的演变

里弄住宅在演变过程中先后出现了早期石库门建筑住宅、中期石库门建筑住宅、晚期石库门建筑住宅、新式里弄住宅、花园里弄住宅和公寓里弄住宅五种类型，在平面布局、结构与材料及风格特征等方面表现出清晰的演变过程。这里简单介绍早期石库门建筑住宅和中晚期石库门建筑住宅。

（九）晒　台

在石库门建筑中，亭子间上部就是晒台，这部分采用钢筋混凝土板，比较坚固，并作为平日晾晒衣服的最佳位置（图 1-18）。

在石库门建筑中晒台位于大屋面的后面，亭子间上面，靠弄堂一边的最北面，晒台是钢筋混凝土结构，也是亭子间的顶板。

（一）按石库门建筑建造年代划分

1.早期旧式石库门建筑

建于1910年以前的石库门是早期旧式石库门建筑。开始在租界建造，后来随城市发展逐渐扩展。

当时为了节省建造资金，石库门建筑空间狭窄，一般在3m左右。房屋结构为立帖式木架构，粉墙围护。山墙用马头山墙、观音兜山墙或荷叶山墙。大门用石头发券，上砌三角形、半圆形或弧形门楣，内饰西洋山花。早期石库门仿江南民居建筑中的砖雕门楼，挑檐下的砖雕十分精致。在门楣与门框之间还有四字吉祥横批。石库门框采用苏南或宁波一带运来的石料。屋盖在木构架上铺桁条，上铺望板砖和蝴蝶瓦。

2.中晚期石库门建筑

1910年至1930年间是后期旧式石库门住宅兴盛时期。由于早期石库门住宅不适应上海人口剧增的情况，该时期房地产商对建造石库门做了改进，更注重提高建筑容积率和市民租售需求，逐步取消了三开间二厢房和五开间二厢房平面，推出了两开间和单开间平面形式。后天井由横向改成纵向，改善了采光和通风。原灶披间上部为杂物间，后改为与前楼错层的亭子间，再上层是晒台。后天井平面改变后，楼梯作为错层的连接通道。

（二）按照石库门建筑营造样式划分

1.早期石库门建筑

早期石库门建筑最突出的特征就是采用浓厚的江南传统民居空间特征的单元，并按照西方联排住宅的组合方式进行总体布局，因此一开始就带有中西合璧特色。

住宅单体设计基本采用传统民居三合院或四合院样式，一般采用三开间或五开间，也有极少数七开间。主要部分为二层楼，后部辅助房间为单层。平面采用对称布局，在纵向布置上有一条明显对称线，在主立面上也呈现对称。进门后首先有一个矩形天井，相当于传统江南民居的庭院，正对天井的是客堂间，客堂间两侧为左右厢房（五开间客堂间两侧分别为次间和稍间）。客堂间有可拆卸落地长窗面向天井，落地长窗多为六扇或八扇。客堂后面为通向二楼的木楼梯，北侧为后内天井。二楼面对天井三边是雕花木裙板或铁艺花饰，栏板内侧是可拆卸的活动裙板，便于炎热天气通风。内天井之后就是单层灶披间、储藏室等附属用房。整幢房屋为封闭式，高高的围墙，厚实的木门，给住家以安全感。

一般一幢房屋面积一百多平方米，且适合几代人的大家庭居住，这样的单元布局既满足了中国家庭传统大户人家的生活方式和居住理念，又节约土地，适应城市空间条件，深受国人欢迎，所以很快就发展起来。

早期石库门建筑的构造与建筑材料继承了江南传统民居的做法，主要结构采用圆木立帖构架承重，材料规格为5英寸（1英寸约等于2.54厘米）或6英寸杉木，木桁条规格为6英寸或8英寸，木搁栅规格为6英寸或8英寸。当时的建筑材料以木、砖、石材为主，装修全采用木料，屋面采用中国传统小青瓦做法，围护外墙多为空斗墙，内部分隔墙体底层采用黄道砖，墙面为纸筋石灰。

早期石库门建筑多分布在宁波路、河南中路、浙江路一带公共租界中心区域，如宁波路兴仁里（1872年建造，由24幢三开间两厢房及五开间二层楼房组成，主弄长107.5m，采用条石铺砌，建筑单体防火墙采用观音兜压顶。1980年兴仁里拆除后建造起6层住宅楼，仍以兴仁里命名）、位于广东路280～304号的公顺里（1876年建造）、河南中路531弄吉祥里（1904年建）、人民广场附近的同益里（1899年建造）等。

2. 中晚期石库门

因上海地区易发生鼠疫，中晚期石库门取消了空斗墙和吊平顶做法，外墙采用实心砖砌筑。为节约成本，当时建造的石库门建筑多采用清水墙。二层分隔墙采用企口木板，上面为考虑通风，采用镂空处理。

总体布局有了明显的总弄、支弄区别（图1-20），建筑排列更加有序。总弄宽度增加，

图1-20 张园永宁巷（李振东绘）

考虑了汽车进出需要，开始重视采光通风，里弄规模扩大。传统两层高的石库门住宅开始变成三层，在后部出现亭子间和后厢房。产生这样的变化主要受城市土地价格上涨及城市家庭小型化等因素影响。

结构上，传统的杉木圆木立帖改为洋松方型木立帖再向砖墙承重发展。砖墙承重房屋基础采用"砖砌大放脚"，底下用三七灰土夯实基础，部分因基础不得越过地界而加木桩，木桩一般采用5英寸或6英寸，长度3～6m不等，间距1m左右。承重墙底层外墙有的采用15英寸，上部墙体采用10英寸墙，在地坪±0.00位置设置油毛毡防潮层，后期也有采用防水砂浆砌筑避潮层替代油毛毡。

底层客堂、走道等多采用水泥花砖，底层厢房采用有地垄墙的架空木地板；楼面结构采用75mm×150mm、75mm×200mm或50mm×200mm矩形木格栅，间距减少到400mm，楼面板采用20mm×150mm洋松企口板。当时洋松企口板价格便宜，使用方便，而且表面光洁、纹理美观，结疤没有杉木这么多。但洋松极易被白蚁侵蚀。在亭子间和晒台采用钢筋混凝土楼板，屋面采用洋松木屋架，矩形桁条及屋面板，屋面采用镀锌铁皮作为凡水构造。

木门窗采用洋松材料制作，铁质摇梗、合页等五金件替代传统的木摇梗。

部分晚期石库门建筑住宅还出现了西式抽水马桶，为考虑防水，部分楼板采用夹砂楼板，部分房间内安装壁炉，屋面出现烟囱。厨房间内早期烧木材的灶台被烧煤炉甚至煤气等替代，使得原来在北面设置的烟囱在后期被取消。

三、上海石库门建筑现状

通过查阅 2019 年相关资料，统计出上海现存较完整的石库门建筑约 243 万 m²，主要分布在黄浦区、虹口区、静安区与徐汇区等区域。

四、典型石库门建筑介绍

1. 中国共产党第二次代表大会旧址

地址：老成都北路辅德里 7 弄 30 号

始建时间：1915 年

建筑样式：旧式石库门

建筑面积：1068.7m²

现有功能：纪念、展示（图 1-21）

保护级别：全国重点文物保护单位

2. 平民女校旧址

地址：老成都北路辅德里（7 弄）36 ~ 44 号

始建年代：1915 年

建筑样式：新式石库门

建筑面积：1031.3m²

现有功能：纪念、展示（图 1-22）

保护级别：上海市文物保护单位

3. 中共淞浦特委办公地点旧址

地址：山海关路 339 号（现址）

建造年代：待测

建筑样式：新式石库门

占地面积：181m²

建筑面积：600m²

现有功能：纪念、展示（图 1-23）

保护级别：上海市文物保护单位

图 1-21 中共二大会址

图 1-22 平民女校旧址

图 1-23 淞浦特委办公地旧址

4. 中共中央军委机关旧址

地址：新闸路 613 弄 12～18 号

建造年代：1912 年

建筑样式：旧式石库门

占地面积：162m²

建筑面积：364m²

现有功能：纪念、展示（图 1-24）

保护级别：上海市文物保护单位

5. 中国劳动组合书记部旧址

地址：成都北路 893 弄 1～11 号

建造年代：1920 年代

建筑样式：新式石库门

占地面积：273m²

建筑面积：437m²

现有功能：纪念、展示（图 1-25）

保护级别：上海市文物保护单位

图 1-24　中共中央军委机关旧址

图 1-25　中国劳动组合书记部旧址

6. 吴昌硕故居

地址：山西北路 457 弄 12 号

建造年代：1911 年

建筑样式：旧式石库门

占地面积：待测

建筑面积：298m²

现有功能：居住（图 1-26）

保护级别：上海市文物保护单位

7. 茂名北路毛泽东旧居

地址：茂名北路 120 弄 7 号（原慕尔鸣路甲秀里 318 号）

建造年代：1915 年

建筑样式：旧式石库门

占地面积：96m²

建筑面积：156m²

现有功能：纪念、展示（图 1-27）

保护级别：上海市文物保护单位

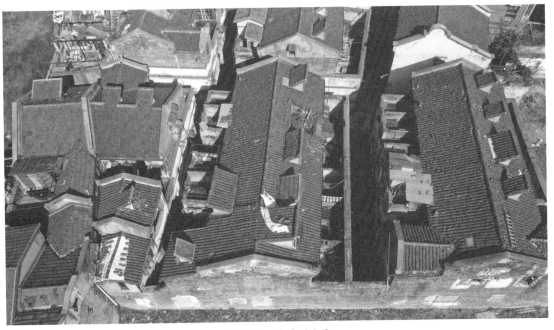

图 1-26 吴昌硕故居

图 1-27 茂名北路毛泽东旧居

8. 安义路毛泽东寓所旧址

地址：安义路 63 号

始建年代：1915 年前后

建筑样式：新式石库门

占地面积：281m²

建筑面积：554m²

现有功能：纪念、展示（图 1-28）

保护级别：上海市文物保护单位

9. 中共中央阅文处旧址

地址：江宁路 673 弄 10 号（原址：戈登路恒吉里 1141 号）

建造年代：待测（历史使用年代 1930 年）

建筑样式：新式石库门

占地面积：205.8m²

建筑面积：625.3m²（图 1-29）

保护级别：静安区文物保护单位

图 1-28　安义路毛泽东寓所旧址

图 1-29　中共中央阅文处旧址

图 1-30　会文堂印书局旧址

10. 会文堂印书局旧址

地址：会文路 125 弄 6 号

建造年代：根据建筑风格特征，应属于早期的新式石库门，可能在 1915 年前后

建筑样式：新式石库门

占地面积：待测

建筑面积：待测

现有功能：居住（图 1-30）

保护级别：静安区文物保护单位

11. 大田路 334 弄山海里 3 号、5 号、17 号住宅

地址：大田路 334 弄 3、5、17 号

建造年代：1916 年

建筑样式：新式石库门

每户占地面积：137.2m²

每户建筑面积：251.3m²

保护级别：静安区文物保护点（图 1-31）

12. 山海关路 274 弄 11 号住宅（田汉旧居）

地址：山海关路 274 弄 11 号住宅

建造年代：1926 年

建筑样式：新式石库门

占地面积：114.0m²

建筑面积：199.2m²

现有功能：空置（图 1-32）

保护级别：静安区文物保护点

13. 山海关路 282 号住宅

地址：山海关路 282 号

建造年代：1926 年

建筑样式：新式石库门

占地面积：244.2m²

建筑面积：403.9m²

保护级别：静安区文物保护点（图 1-33）

图 1-31　大田路 334 弄山海里 3 号、5 号、17 号住宅

图 1-32　山海关路田汉旧居

图 1-33　山海关路 282 号住宅

图 1-34　东斯文里

14. 斯文里

地址：东斯文里：新闸路 568 弄、620 弄、大田路 464 弄、492 弄、546 弄

西斯文里：新闸路 632 ~ 712 号（已拆除）

建造年代：1914 ~ 1921 年

建筑样式：新式石库门

占地面积：约 4.66 万 m²

建筑面积：东斯文里建筑面积 26 384m²

保护级别：静安区文物保护点（图 1-34）

15. 福荫里 12 号宅

地址：山西北路 469 弄 12 号

建造年代：1912 年

建筑样式：旧式石库门

占地面积：230.6m²

建筑面积：409.5m²

保护级别：静安区文物保护点（图 1-35）

图1-35 福荫里12号宅

16. 康乐里潘氏住宅

地址：山西北路551弄4号

建造年代：1914年左右

建筑样式：旧式石库门

占地面积：262m²

建筑面积：347m²

保护级别：静安区文物保护点（图1-36）

17. 均益里

地址：天目东路85弄，安庆路366弄

建造年代：1932年

建筑样式：新式石库门

占地面积：12385m²

保护级别：静安区文物保护点（图1-37）

18. 张园

地址：威海路590弄

建筑样式：新式石库门

建筑面积：约56000m²

保护级别：静安区文物保护点（图1-38）

19. 太平坊

地址：康定路1353弄1～25号

建造年代：1930年

建筑样式：新式石库门

占地面积：5747m²

建筑面积：3554m²

现有功能：住宅（图1-39）

保护级别：静安区文物保护点

20. 震兴里

地址：茂名北路200～220弄

建造年代：1927年

建筑样式：新式石库门

占地面积：2303m²

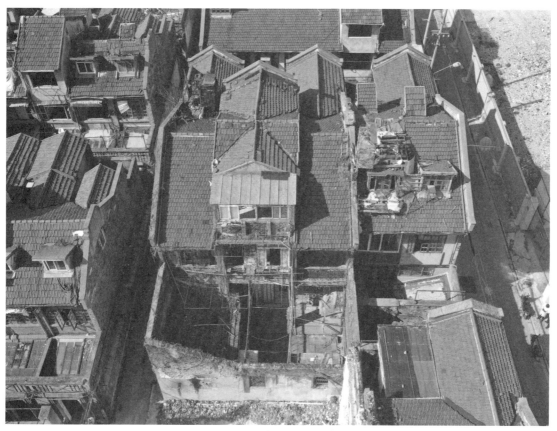

图 1-36　康乐里潘氏住宅

图 1-37　均益里

图 1-38　张园

图 1-39　太平坊

图1-40 震兴里

建筑面积：3822m²

现有功能：居住（图1-40）

保护级别：上海市优秀历史建筑

21．荣康里

地址：茂名北路230～250弄

建造年代：1923

建筑样式：新式石库门

占地面积：2058m²

建筑面积：3612m²

现有功能：居住（图1-41）

保护级别：上海市优秀历史建筑

22．德庆里

地址：茂名北路264～282弄

建造年代：1925

建筑样式：新式石库门

占地面积：1938m²

建筑面积：3258m²

现有功能：居住（图1-42）

保护级别：上海市优秀历史建筑

23．四明邨

地址：延安中路913弄

始建年代：1928～1932

建筑样式：新式石库门

占地面积：15 172m²

建筑面积：29 150m²

现有功能：居住（图1-43）

保护级别：上海市优秀历史建筑

24．多福里

地址：延安中路504弄

建造年代：1930年

建筑样式：新式石库门

占地面积：约7200m²

建筑面积：待测

现有功能：居住（图1-44）

保护级别：上海市优秀历史建筑

25．汾阳坊

地址：延安中路540弄

建造年代：1929年

建筑样式：新式石库门

占地面积：约2300m²

建筑面积：待测

现有功能：居住（图1-45、图1-46）

保护级别：上海市优秀历史建筑

图 1-41　荣康里街景

图 1-42　德庆里街景

图 1-43　四明邨

图 1-44　多福里

图 1-45 汾阳坊（1）

图 1-46 汾阳坊（2）

图 1-47 念吾新村弄内

26. 念吾新村

地址：延安中路 470 弄

建造年代：1930 ～ 1932 年

建筑样式：新式石库门

占地面积：1870m²

建筑面积：待测

现有功能：居住（图 1-47、图 1-48）

保护级别：上海市优秀历史建筑

图 1-48　念吾新村鸟瞰

表 1-1　静安区石库门建筑现状

序号	名称	现地址
全国重点文物保护单位		
1	中国共产党第二次代表大会旧址	老成都北路辅德里 7 弄 30 号
上海市文物保护单位		
1	平民女校旧址	老成都北路辅德里（7 弄）36-44 号
2	中共淞浦特委办公地点旧址	山海关路 339 号（现址）
3	彭湃烈士在沪革命活动地点	新闸路 613 弄 12 号
4	中国劳动组合书记部旧址	成都北路 893 弄 7 号
5	吴昌硕故居	山西北路 457 弄 12 号
6	上海茂名路毛泽东旧居	茂名北路 120 弄 7 号（原慕尔鸣路甲秀里 318 号）
7	1920 年毛泽东寓所旧址	安义路 63 号
区级文物保护单位		
1	中共中央阅文处旧址	江宁路 673 弄 10 号（原址：戈登路恒吉里 1141 号）
2	会文堂印书局旧址	会文路 125 弄 6 号
区级文物保护点		
1	大田路 334 弄山海里 3 号、5 号、17 号住宅	山海关路 334 弄 3 号、5 号、17 号

序号	名称	现地址
2	山海关路 274 弄 11 号住宅（田汉旧居）	山海关路 274 弄 11 号住宅
3	山海关路 282 号住宅	山海关路 282 号
4	斯文里	东斯文里：新闸路 568 弄、620 弄、大田路 464 弄、492 弄、546 弄 西斯文里：新闸路 632 ~ 712 号（已拆除）
5	福荫里 12 号宅	山西北路 469 弄 12 号
6	康乐里潘氏住宅	山西北路 551 弄 4 号
7	均益里	天目东路 85 弄，安庆路 366 弄
8	慎余里	天潼路 847 弄（已拆除）
9	张园	威海路 590 弄
10	中共中央政治局联络点遗址	同孚路柏德里 700 号（今石门一路 336 弄 9 号）
11	太平坊	康定路 1353 弄 1-25 号
上海市优秀历史建筑		
1	震兴里	茂名北路 200 ~ 220 弄
2	荣康里	茂名北路 230 ~ 250 弄
3	德庆里	茂名北路 264 ~ 282 弄
4	四明邨	延安中路 913 弄
5	多福里	延安中路 504 弄
6	汾阳坊	延安中路 540 弄
7	念吾新村	延安中路 470 弄

合计：28 处

第二章　石库门建筑保护修缮过程

一、保护修缮查勘、设计与施工

上海石库门建筑的保护、修缮、更新、利用是目前社会各界普遍关注的问题，石库门建筑包含了历史、文化、科学与艺术等价值；本章通过介绍查勘、设计与施工实践，总结归纳石库门建筑的修缮与保护工艺，使石库门建筑经过保护与修缮后，既满足相关保护要求，又符合现代社会安全、合理、舒适的使用功能，并能让更多人从中了解传统工艺所蕴含的历史与文化背景，还能从中看到修缮工艺、科技的进步。

（一）修缮原则

石库门建筑的查勘、设计与施工修缮应尊重历史，以"管养合一，修保合一"的原则，造福于民。

（二）修缮目标

1. 查勘目标

查勘是历史建筑保护工程中非常重要的一环，是对石库门建筑的建筑历史、形制、结构、材料、传统工艺做法、残损现状等现状的记录，也是设计采用的保护修缮方案的指导性文件。

2. 设计目标

设计方案的确定，应根据查勘、调研历史信息、价值、工艺水平、艺术特征、结构稳定性、残损状态、原因分析等制定设计原则与措施。

3. 施工目标

修缮施工的目标是实现修缮工程的最关键环节，施工的过程也是对检测报告、

查勘任务单、设计方案、设计图纸等文件不断补充与完善的过程。通过传统和现代工艺技术手段的结合运用，使修缮工程得到完整体现。

4. 保证目标实现

历史建筑保护修缮工程的相关各方是一个整体，缺少任何一个环节或任一环节出现问题，都会使修缮目标的实施受到影响。经过查勘、设计与修缮施工等步骤，可达到消除石库门建筑安全隐患的目标。

5. 改善或提升石库门建筑的使用功能和舒适度

通过对石库门建筑的修缮、保护、更新、利用等，既能改善居住条件，又能延续城市文脉，在相关条例与规范允许的前提下，改善居民的生活条件和质量。

二、查勘、设计与施工分类与要点

（一）房屋承重与非承重结构的分类

1. 石库门建筑的承重结构

地基基础、砖砌体承重墙、立帖式木构架、木柱墩、木屋架、木桁条、木格栅等。

2. 石库门建筑的非承重结构

屋面基层，屋面附加建筑（如老虎窗、撑窗等）及整个屋面的防水系统，上晒台扶梯（钢或钢筋混凝土），外墙饰面装饰线脚、砖砌或粉刷的外墙门窗套、楼、地面装饰面层（木地板、马赛克、水磨石等）、木楼梯、室内外木门窗、石库门大门，室内分隔墙（砖砌体、抹灰板条墙、企口木

栅板等），室内平顶（艺术石膏线条等），室内木制艺术装饰（如门、窗头线、台度板、踢脚线、画镜线、挂落等）。

（二）修缮工程性质分类

主要分为大修、中修、小修和综合维修四类。

1. 大 修

大修是针对整幢房屋或联排式房屋，从基础到屋面，从结构到外立面，从构件到使用功能以及室内装修、设备设施等的全项目修缮与保养。

大修在房屋修缮中涉及面最广、最全面、工程量最大，其施工工艺复杂，技术要求高，并在施工过程中各工种互相配合面多，上下衔接协调要求高等特点。

1）大修工程主要特点

工程量大、费用高、技术较复杂、管理协调多、对住户干扰较大。同时大修的查勘、设计与施工还要满足以下内容：

（1）确保房屋承重结构、构件安全性。

（2）确保屋面防水系统功能可靠。

（3）确保外立面墙体、饰面层、装饰线脚、艺术装饰品等完整。

（4）确保外立面的门窗功能性构件使用灵活、可靠。

（5）确保室内楼梯、楼面的安全、可靠。

（6）确保大修后的石库门建筑，恢复原有历史风貌，提升整体舒适度及满意度。

2）全项目大修

（1）整体屋面体系（屋面结构、承重体系、防水体系等）。

（2）整体外墙面体系。

（3）楼地面承重与饰面构件（木地板、地砖等）。

（4）室内分隔墙体（砖砌体、板条墙、木塞板等）。

（5）室内墙面粉刷层。

（6）室内平顶及装饰线脚等。

（7）室内装饰性构件（门窗贴面板、木台度、踢脚板、画镜线、挂落架等）。

（8）室内门窗及附加设施。

（9）上下水管道。

（10）电线管道。

（11）路面、窨井及下水道。

（12）凡涉及房屋内外的一切构件。

2. 中 修

房屋中修主要适用于一般破损房屋的修理，仅拆换少量主要构件，修理损坏部位，是以恢复房屋原有使用功能为目的的修缮工程。

中修是针对整幢房屋局部损坏或联排式石库门房屋，发生某区域损坏较大的重点性修缮，其修缮面较广，但规模不大，是缩小了的大修翻版工程。

中修工程主要特点：

1）按规划成片集中进行。这种工程由于任务量比较均衡，工作集中，人员相对固定，可以合理组织劳力，提高工效，节约费用。

2）修缮费用较低。修缮内容基本上是非承重结构部分，对承重结构仅做加固或更换个别构件。

3）技术上较简单。多数按原样原标准修复，不需要特别设计和方案比较。

4）工期较短，对用户使用干扰小。中修工程绝大多数可以在不间断使用情况下施工，可当月开工当月竣工，工期较短。

3．小　修

以保持房屋原来完好等级为目，因工程量小，分散，是日常养护修缮工程，包括小部件的损坏维修。做好小修工程，可以防止房屋过早损坏，方便居民日常生活。

小修是经常性的检查和保养工作，可以通过定期和不定期、全面和重点的检查，特别针对小范围内出现的单项或单体构件损坏的修补或修缮，使其恢复正常使用功能，如：小面积墙体粉刷层修补，内部门窗功能恢复性修缮等。

小修工程主要特点：

1）工作对象广，要求房屋建筑每一部分都按规定的技术状态标准，经常处于良好使用状态，使房屋建筑的完好等级不因小修不及时而下降。

2）工作要主动及时。房屋建筑的任何一部分，都可能随时发生损坏或故障，而对这些损坏或故障又必须及时处理，否则将会给生活带来很大不便或造成较大损失。对发现危及安全的房屋建筑更有必要立即采取临时加固措施，确保使用安全。

3）工作量小，多数只需1—2人进行。

4）管理和修理并重。小修除了担负对房屋建筑的日常养护外，还要通过定期和不定期、全面和重点的检查鉴定方法，掌握全房屋的技术动态、破损程度及规律，分析研究，找出破损原因，提出防治办法，为大、中修工程提供有关技术资料。

5）有明确的保养责任制和短而灵活的检修周期。实行固定区域、固定人员、固定检修路线的保养责任制度。它检修周期短，可从房屋建筑的技术状态、生产、生活使用上的要求，季节气候变化等因素综合考虑加以确定，一般为1～3个月，根

据需要亦可缩短或延长。

4．综合维修

是针对房屋基本保持完好，在其构造上、构件上及使用功能上作常规或日常养护，如保持门窗开关灵活性、墙体完好性、楼梯、楼板面安全性，水电等设施无故障，下水道畅通等。

（三）全项目修缮周期的确定

根据房屋修缮的经验及现存房屋状况，目前，仍有大量使用年代已久的砖木、砖混结构房屋，仍有部分房屋存在失修现象。另外，砖木结构房屋维修周期一般为8～10年，砖混结构房屋维修周期为10～15年，钢筋混凝土房屋维修周期一般为20～25年，其他各部件维修周期根据具体情况、检测结果而定。

（四）查勘要点

1．查　勘

查勘是指房屋在修缮前对被修缮房屋的损坏程度进行调研、踏勘、记录的一项前期工作。查勘的深度、广度及彻底性，关系到房屋修缮后整体的安全稳定性，以及各项构件使用功能是否完好。修缮后外立面观感是否修旧如故，是决定最终能否达到修缮目的的重要环节。

查勘是房屋修缮工程中的一个重要环节，并与设计紧密结合，是有别于新建工程的重要方法，成为房屋修缮的特殊技术。

查勘是对房屋各部位从结构、构造构件及使用功能上对损坏的程度、范围、数量作摸底总结，为拟定房屋修缮设计、施工提供依据。

2. 查勘顺序

在房屋查勘前，应做好各类准备工作，如：查勘人员配备和工作交底。尤其是查勘人员的选择关系到查勘工作质量的关键，应从长期在房屋修缮工作第一线工作，并具有五级以上职业水平的泥、木工者中选择，因为他们具备丰富的修缮经验，修缮技艺高超。他们作为中坚骨干力量，是带领整个查勘团队的最佳人选。其次是准备必要的测量工具，如尺、小榔头、手电筒、螺丝刀、小镜子、望远镜，测量仪器等。

在查勘时采取从上到下(屋面到基础)、从外到里（外墙面到内天井等），从承重结构到非承重构件，从表面到隐藏的内在，由局部到整体完成（图2-1）。

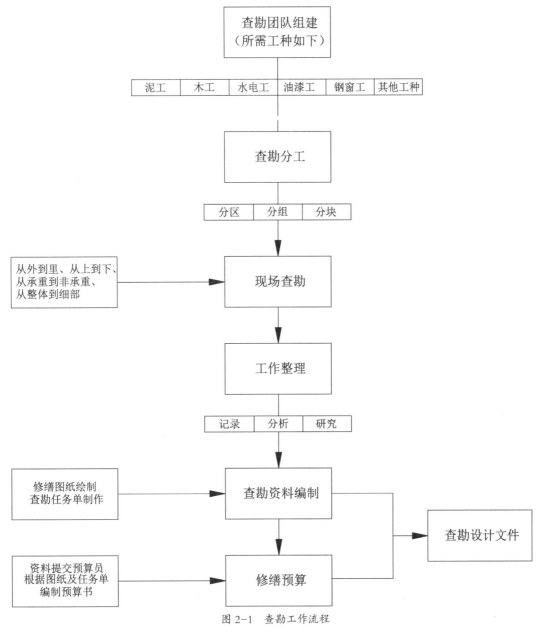

图 2-1　查勘工作流程

3.查勘方法

查勘方法有以下几种。

1）直观检查法

这种方法是指以目测和简单工具检查房屋的完损情况，用尺测量损坏范围和损坏构件数量，以经验判断构件和房屋的危险、损坏原因和范围、等级。这种检查法，目前仍普遍采用。

直观检查法可概括为"看、听、问、查、测"五个字。

（1）"看"

房屋查勘人员一到现场，房屋就进入工作人员视野，房屋外形在眼睛里已留下印象，自然会按照"从外到内、从上到下"的检查顺序看一遍，以便对房屋有个概括了解（图2-2）。

（2）"听"

查勘工作人员来到现场，进入房屋后居民往往会反映房屋的漏水、裂沉、倾斜、蚁蛀害等异常情况，查勘工作人员要耐心听，做好记录，梳理与检查工作有关的问题，以利于检查工作开展（图2-3）。

（3）"问"

在查勘房屋时，由于用户对房屋损坏情况接触较多，往往比较了解，遇到可疑之处，要询问用户，从中可以得到一些资料，对检查工作有帮助、有启发。

（4）"查"

看了、听了以后还需要"查"，特别是主要承重构件重点部位和具有潜在性危及房屋安全的较隐蔽部位要细查，对可疑之点要借用工具、仪器进一步查明。如用螺丝

图2-2　查勘过程（看）

图2-3　查勘过程（听）

图2-4　查勘过程（查）

图2-5　查勘过程（测）

刀穿刺木料查看有否腐朽或白蚁蛀蚀等（图2-4）。

（5）"测"

对房屋的倾斜、墙壁凹凸、构件下垂变形、地基沉降等，要测量其倾斜量,凹凸量、裂度、挠度、沉降量等。有些房屋损坏发展较快时，还要进行定期复测（图2-5）。

2）仪器检查法

该方法是指用经纬仪、水准仪、激光准直仪等来检查房屋变形、沉陷、倾斜等，用回弹仪、枪击法、撞击法、敲击法等机械方法进行非破损性检验，用万能试验机等测试从房屋构件上取出的试件，还有以共振法、超声波脉冲法、射线探测法等进行构件的物理检验。这些检查方法，除后面的物理检验方法外，其余都是较常用的方法。

3）计算与观测、资料分析与现场观测相结合

采用该方法主要通过资料分析，在现场凭直观和仪器一起进行检查。这种检查法比较细致、准确，但投入现场人员较多，现场工作量较大，只有对重要房屋的检查才采用。

4）重复观测检查法

该方法主要是由于房屋危、损变化仍在发展中，一次检查不解决问题，需要通过多次重复观测，才能掌握危损情况及程度。

5）荷载试验检查法

该方法主要用于房屋发生质量事故、房屋需变更用途加层而无法取得必要的物理数据时，就此要进行荷载试验，以便对房屋结构构件的耐力进行评定。

上述几种房屋检查方法，有些往往需

要同时或交叉使用，一般的房屋检查以直观法为主。

（五）查勘的各项准备工作与注意事项

1. 队伍组建

组建一支技术水平高、精通房屋修缮工艺、精干的查勘小分队，以长期在修缮工作第一线，具有五级工以上资质的泥、木工为骨干力量，结合白铁工、水电工、沟路工、油漆工等，具有丰富经验的各路人员，到现场负责实地查勘（协同或错开）。

2. 器材准备

配备必要查勘工具，如卷尺、皮尺、激光尺、小榔头、手电筒、螺丝刀、小镜子、望远镜、一些测量仪器、表格等（图2-6）。

图2-6 部分查勘工具

3. 查阅相关档案资料

在查勘前先到相关部门查阅需修缮房屋的相关历史资料，了解其建造年代、建造用材、建造风格、结构形式、保护等级、建造后房屋使用情况、历年修缮养护记录、末次修缮距今时间、目前房屋损坏程度的评估报告等，以便全面了解目前房屋的状况而开展有的放矢的查勘。

（六）保护修缮重点部位查勘

以张园地块内的石库门房屋为例，房屋的独立单元体为综合查勘单位，以"直观检查法"为主，结合其他各种检查法，用同步或交替手段对其进行实地查勘。直观检查法可概括为"看、听、问、查、测"五种方法并贯穿在整个查勘过程中。

遵循查勘的习惯顺序：从外到里、从上到下、从承重结构到构件功能、从表浅到隐蔽，以使查勘工作有条不紊进行。

建筑外立面以砖砌体为主，砖砌体分为清水墙、混水墙、外墙饰面层、外墙悬挑构件（如阳台等）、檐口、台口线、腰墙的花式出线，外墙的砖砌或粉刷的艺术门窗套及各种外墙艺术装饰构件，等等。

石库门房屋建筑往往是联列式房屋组合的建筑群体。在查勘外立面时，应从整体着手（主要是承重或非承重砖砌体），可分成东、南、西、北四个面的单元体来查勘。查勘时，结合应用"五字"方针。首先观察外墙体损坏程度，先从结构上来观察承重墙、非承重墙是否出现踏步式的结构性裂缝。如果有裂缝，应画出裂缝在墙面的位置并丈量范围及数量，再观其房屋外围墙四角的垂直度（可用线锤吊看），是否有倾斜、异样。发现问题，可用仪器进一步检测，确定其是否在允许范围内，接着询问居民墙体是否有渗、漏水现象。

在靠近墙体裂缝区域的房间内进一步查勘室内楼地面是否有倾斜，如有倾斜，基本可以判断房屋地基基础已有问题。砖砌体，特别是承重墙出现问题，需查实情况（"病灶"范围及数量）做详细记录。对此可以提出相应的修缮技术措施：加固地基基础、对裂缝面积不大的可采取压密

注浆法、拆砌或部分拆砌该段砖墙体（开任务单时，应考虑拆砌墙体安全临时支撑工作量）并检查外墙立面其他损坏处。

外墙饰面层（以砂浆粉刷层为主）观察其剥落点，裂缝空鼓之处，并用小榔头在外墙饰面层上反复拖敲，根据手感及听觉，凭经验实测出饰面层空鼓之处及空鼓面积范围大小。对于手不能触摸到的区域，除了直观法外，还可用已检测过的墙面损坏程度的比例，作经验性估算，采用全斩粉，局部斩粉处理。若本次全项目大修距上次修缮在15年以上，则外墙砂浆粉刷层建议采用全斩粉。对于一些少量点缀性的饰面层，则按其损坏多少，修补多少（如汰石子护角饰面层等）。

1. 木结构屋面查勘

从上到下，这是查勘顺序的重点之一。

"上"：是指石库门房屋最高木结构建筑层面——屋面及晒台钢筋混凝土地坪面层，是房屋防水、保温的主要功能性结构构件。

查勘前应先了解被查屋面的结构、构造形式，如中瓦屋面、平瓦屋面、冷摊平瓦屋面等；承重结构的形式是木屋架构造加木桁条，还是立帖构造加木桁条；屋面附加建筑的情况，如老虎窗、撑窗、走马窗、烟囱等；同时询问居民，了解房屋以往及目前屋面是否有渗漏水现象，是否对渗漏水区域采取过修缮措施，效果如何等情况，以便在查勘屋面时，对该区域作重点查勘。

查勘屋面则以屋面自然段为单元体来查勘，即：屋面山墙与山墙（或封火墙）之间的一段屋面，包括屋面上的各种附加建筑物。

压顶出线
Coping mouldings

踏步泛水
Iron step flashing

山墙彩牌（头子）
Gable load-bearing member

横水落
Iron roof gutter

提手弯
Buffer elbow pipe

雨水管
Iron rain pipe

图 2-7　石库门建筑屋面、外墙部分构件示意图

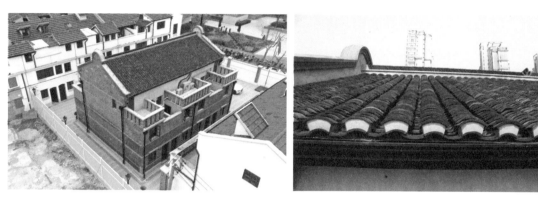

图 2-8　中瓦屋面及局部

查勘屋面以泥工、木工两种工种人员搭档最佳（图2-7）。

1）石库门中瓦屋面

又称小瓦屋面（以立帖结构为例）。

首先要了解中瓦屋面的承重构件，凡石库门中瓦屋面的房屋，大多以立帖式结构为主。屋面由承重的木桁条、木椽子组成的承重木架构，负担整个屋面荷载，再通过立帖木构架柱将荷载传递到地基基础中（图2-8、图2-9）。

图 2-9　木立帖重点查勘部位与木木立帖柱

查勘以五柱七路头（七根桁条，见图2-10）为例。先从立帖柱开始查，观察每根立帖柱，包括立帖的"串""矮闪"，是否存在虫蛀、腐烂现象，特别是柱脚根部腐烂概率较高，可用小榔头敲，用螺丝刀戳凿来探其损坏程度及范围，是否有外力作用的损伤。对虫蛀或腐烂面积不大的，可采取同质木材挖补，对木柱有较大裂缝的，也可采取此办法修缮。对虫蛀厉害的柱脚根部，腐烂严重的（图2-11、图2-12），则去掉损坏部位，用同质木材榫卯接法修缮。腐烂位置较低的，用浇捣混凝土墩子铁板双面夹接法，然后爬上屋面用直观检查法观察现有房屋的实际情况，整个屋面是否有东西向或南北向落囊（下挠）现象。东西向有落囊就是桁条出现了问题，南北向有落囊，就是椽子出现了问题。根据桁条不同落囊程度分别用绑衬垫平法或更换新桁条（考虑周边椽子拆钉量），对落囊的椽子则全部换新。整个屋面的椽子，除拆钉换新外，还要用钉子全面加固。

对屋面上出现的局部倾斜点，考虑桁条头子腐烂或损坏情况，可采取桁条头子双面绑接方法或更换桁条（考虑周边椽子拆钉量）。

翻做整个屋面中瓦的铺设层包括屋脊，按中瓦原有损坏程度及修缮等级，根据定额套用上限的中瓦添置量，拆铺新添望板砖。按原样翻做屋面上的老虎窗，包括窗樘子、窗扇换新，按原样换新撑窗、走马窗等包括木外框，更换屋面上所有白铁防水、排水构件（如：斜天沟、凡水、檐口水落等），调换已腐烂出檐椽子，根据情况，拆钉、修接，调换檐口封檐板、檐口平顶。

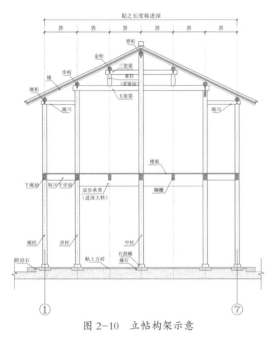
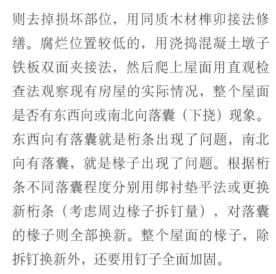

图2-10 立帖构架示意

图2-11 木立帖柱脚腐烂

图2-12 木立帖柱腐烂

图 2-13　平瓦屋面查勘现场

图 2-14　屋面重点部位查勘

图 2-15　屋面瓦片破损

查勘时,各工种应相互配合,尤其是泥、木工搭档,开任务单时,各工种要相互沟通协调。

2) 石库门平瓦屋面

又称洋瓦屋面(以木屋架屋面板构造为例)

在查勘前,有必要对平瓦屋面的结构、构造有一定了解,有便查勘时,掌握好轻重缓急顺序。平瓦屋面的承重结构构件是由木屋架、木桁条及承重的砖砌山墙(或封火墙)构成整个屋面的承重体系。木屋架、木桁条是承担整个屋面的主要承重构件,通过木屋架架立在砖墙上的两个支点及承重墙把屋面上的负载传递到地基基础。其主要构造由屋面板、防水卷材、顺水条、挂瓦条、平瓦等组成。

根据查勘顺序,先从承重结构屋架查起。屋架查勘重点是屋架两端在砖墙上的搁置点及屋架琶头(屋架的天平大料头子与人字木下端头子的交合点,俗称鸭嘴巴)。如屋面有渗漏水现象,容易遭到雨水侵入,是最容易腐烂的区域,可以通过平顶检修口入内查看或在确认情况下,在屋面上开洞查勘(图 2-13 ~ 图 2-15)。一旦确定有腐烂、闷酥、虫蛀现象，可用铁板螺栓双面夹接法修缮，先去除损坏部位，再用同质同截面木材按原样夹接。其次查勘屋面檐桁是否有闷酥腐烂、虫蛀现象，若有则按原样更换。还有进砖墙的桁条头子是否有损坏。修缮方法有绑接、夹接桁条头子或按原样更换桁条。查勘屋面落囊情况，套用立帖屋面对桁条的修缮方法。

查勘屋面板损坏情况，特别是檐口伸出屋面部分有针对性地翻开局部瓦片检查损坏程度，根据情况统计整个屋面添置屋面板数量，拆钉范围数量（修、换桁条所需），并对整个屋面的屋面板全部进行检修加钉处理。对基层屋面板以上部位全部翻做，整个屋面防水卷材全部换新，拆钉添置整个屋面的顺水条，挂瓦条。翻做屋面平瓦层，包括屋脊。翻做屋面上的老虎窗、撑窗、走马窗，包括窗樘、窗扇换新。更换屋面上的白铁防水构件，如：天沟、斜沟、靠墙畚箕天沟、踏步凡水、落底凡水、靠墙凡水、窗口凡水、檐口横水落、坐墙水落、落水管等。调换损坏的闷檐条、封檐板、檐口平顶，全斩粉出屋面的烟囱外粉刷，全斩粉出屋面部分的山墙外粉刷，包括压顶出线（图2-16）。

3）石库门冷摊平瓦屋面

冷摊平瓦屋面可用于立帖结构屋面，也可适用于木屋架构造屋面。冷摊平瓦屋面构造的特点是屋面基层不铺钉屋面板，木椽子直接钉在木桁条上，不铺设防水卷材。在木椽子上直接钉挂瓦条，铺设平瓦片形成屋面。冷摊平瓦屋面对平瓦材质的

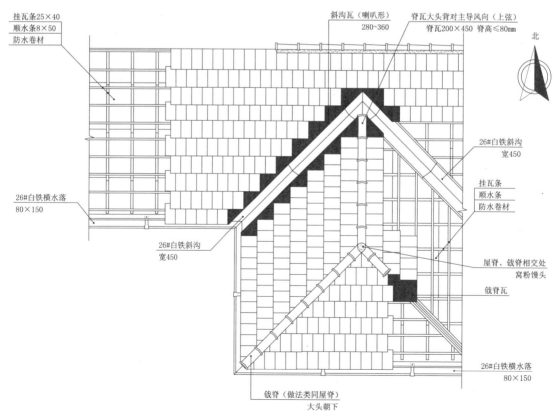

图2-16 平瓦屋脊、戗脊节点示意

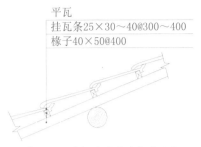

平瓦
挂瓦条25×30～40@300～400
椽子40×50@400

图2-17　冷摊平瓦屋面构造示意

要求及平瓦铺摊技术要求很高。冷摊平瓦屋面的查勘除了木椽子替代屋面板，不铺设防水卷材外，其余查勘操作过程与木屋架屋面的查勘方法相同（图2-17）。

2. 外墙立面悬挑构件查勘

1）石库门悬挑钢筋混凝土阳台

观其底部，牛腿、柱头栏杆是否出现混凝土风化剥落及露筋现象，铸铁柱、扶手、铁艺栏杆等是否有缺损，评估其损坏程度及范围，提出相应的修缮措施（图2-18）。

2）石库门建筑悬挑木阳台

观察挑出墙面的木构件与墙面结合部位是否有腐烂现象及其他阳台木构件的损坏残缺情况（木柱、扶手栏杆、阳台上木雨棚、木格栅木楼板等）（图2-19）。

图2-18　悬挑钢筋混凝土阳台

图2-19　悬挑木阳台

图 2-20　清水砖门套与石库门头

图 2-21　水泥砂浆勒脚

3）石库门建筑其他外立面装饰或构筑物

外墙立面屋面檐口下的砖砌或粉刷台口线、砖砌或粉刷腰墙花式出线、外墙阳角装饰护角线、砖砌或砂浆粉刷的门、窗楣、艺术窗套、窗盘、窗盘板、清水墙的门、窗上口的平、弧形砖砌拱券、石库门艺术饰面层的门套、门楣及艺术图案字体等的雕塑品（图2-20），外墙水泥勒脚（图2-21），阳角花岗岩护角石等。

图 2-22　清水墙破损（1）

以上外墙立面的各种构件，除近距离直观外，也可在远处或高处观察，并借助各类工具仔细检查，观察其损坏程度（如：缺损剥落、起壳、裂缝等），提出相应的修缮方案（如：按原样拆砌、统长或局部斩粉等），列出数量及范围，对外墙立面残缺空洞及因受外力或其他修缮项目留下来的缺损部位，应按原样全面修复。对清水墙墙面或清水砖艺术窗套、台口、墙腰线条，平、弧拱券，除了残损等人为损坏现象外，还要看其砖面自然风化的损坏程度，用手触摸或用螺丝刀刮凿，检测其风化程度。一般风化程度在20mm以内的，可用相同的砖粉修补；20mm以上的，包括人为损坏的，可用同质同色砖片修缮；对

图 2-23　清水墙破损（2）

缺损较大的砖块或空洞等可凿去损坏部位，用同质同色砖块镶砌；还需观察清水墙灰缝线损坏程度及范围，提出修缮方案（图2-22、图2-23）。外立面门窗查勘可见门窗查勘表述（图2-24）。

图 2-24 清水砖艺术窗套

3.钢筋混凝土晒台

查勘钢筋混凝土晒台地坪：用直观法、用小榔头拖敲地表面层。

观察钢筋混凝土地坪的找平层，是否有裂缝起壳，是否有钢筋外露（包括亭子间平顶），防水卷材是否有裂缝、起壳、缺损，卷材翻边情况是否达标。查勘列出：修复露筋铁涨，修补水泥找平层，按量计算，翻做防水层（其翻边也计算在用量中）；其次，修补晒台上的女儿墙损坏的砖墙体，全斩粉钢筋混凝土压顶，女儿墙内外粉刷层。如果是钢筋混凝土栏杆柱墙，看有否混凝土剥落、露筋、铁涨等现象，如有，则按实际修复。还有上晒台的楼梯，一般分为钢筋混凝土扶梯与钢楼梯两种，钢筋混凝土扶梯检查其是否有混凝土剥落、缺损、露筋、铁涨，包括扶手是否损坏，按量修复。钢楼梯也按损坏程度进行修复（图2-25）。

4.木门窗查勘

查勘前，先了解石库门房屋主要木门窗的名称、木门窗构造中各构件，掌握修缮等级标准，以便在实际查勘操作中正确应用。

1）木 门

主要有：浜子线门（图2-26）、葡萄结门（图2-27）、玻璃木门（图2-28）及石库门大门。

图 2-25 晒台重点查勘部位

图 2-26　浜子线门

图 2-27　葡萄结门

图 2-28　玻璃木门

图 2-29　摇梗窗

图 2-30　摇梗窗构件

图 2-31 落地长窗

2）木 窗

进樘有腰开关窗、摇梗窗（图 2-29、图 2-30）、落地长窗等为例（图 2-31）。

3）木门、木门樘构造

门樘子由一根樘子上冒头，两根樘子梃组成。

（1）浜子线门

由两根统长边门梃，两根上下门中梃，上、中、下三根门冒头组成门框架，门中间的四块空档（已在门梃、门冒中间留出槽口）配制四块门肚板，门肚板两面的周边用浜子线木线条钉牢，门扇成型后用铰链装在门樘子上。

（2）葡萄结门

由两根门梃，上、中、下三根冒头组成，门梃与冒头推单边窄槽，上下各两仓。门肚板单面与门梃门冒门外侧面平，上下各撑一道木斜撑，门扇成型后用铰链装在门樘子上。

（3）大脚玻璃门

门扇上半部为玻璃，下半部为门肚板。门扇由两根门梃，上、中、下三根冒头组成，门扇上半部由窗芯子组成（装玻璃用），下半部类似浜子线门扇中间一根中梃，两边两块门肚板，两面配以浜子线，门扇成型后用铰链装在门樘子上。

4）木窗樘、木窗扇构造

（1）木窗樘

进樘有腰（或无腰头）开关窗樘子由两根窗梃，上、中、下三根窗冒头组成。

（2）摇梗窗

可用于不进樘子的窗扇。开关幅度可大于180°，灵活性较好。常用于前楼厢房、客堂落地长窗等。

窗扇用特制金属铁臼（图 2-30）固定在上下窗槛上。

5）木窗扇构造

普通木窗扇由两根窗梃，一根上冒头、

一根下冒头，若干横芯子、直芯子的构件组成。

6）落地长窗构造

该构造其上半部如同木窗扇，下半部则配以门肚板浜子线的构造。

7）查勘修理的木门窗樘子，分为四个等级

（1）拆装整理加固樘子

门、窗樘无损坏现象，只是构架松散或变形，拆下整理加固后重新安装。

（2）小　修

修接调换其中一件构件，包括樘子挖补（含樘子拆装）。

（3）大　修

修接调换在两件以上的构件（含樘子拆装）。

（4）换　新

损坏构件在两件以上的，则换新（含樘子拆装）。

上述四款修缮等级也适用于撑樘子。

木门窗樘子在查勘时根据其损坏情况，确定修缮方案。

8）查勘修理的木门窗扇，分为六个等级

（1）整　理

木门窗扇构造各构件完整无损，使用功能良好，需要例行检查，调整小五金的功能。

（2）拆装整修

木门窗构造，各构件基本完整无损，仅木门窗构架松散、变形，关闭时不合契，铰链锈蚀，开关弹硬，小五金不齐全等。

9）修缮方案

将门窗拆下整治、校正、紧固，调换铰链，配齐小五金，再按质量标准安装在原木樘子内。

（1）小　修

在木门窗构架内，修缮或调换一个构件（如：接一梃、换一梃、换一冒、换芯子、换一仓门肚板或浜子线等只有一件构件的，下面以此类推），含拆装整修项目的，属小修。

（2）中　修

在木门窗构架内，修缮或调换两个构件，含拆装整修项目的，属中修。

（3）大　修

在木门窗构架内，修缮或调换三个构件，含拆装整修项目的，属大修。

（4）换　新

木门窗损坏程度超出大修范围的，则按原样换新。

10）木门窗樘易损坏部位

室外门樘子两根梃的下脚头、窗樘子的下槛容易腐烂，被白蚁侵蚀损坏的木门窗樘，查勘时，可用直观检查法，借用工具凿戳的方法，根据损坏程度范围，并用木门窗樘的四个等级定出查勘结论（图2-32、图2-33）。

11）确定修缮等级

查勘木门窗时，用直观检查手动操作并借用工具查勘门窗开关使用功能状况，着重检查门窗两根梃上、下冒头是否有开裂或腐烂；上、下冒头的榫头是否有断裂或腐烂，包括窗芯子、门肚板是否缺损，下端部位是否有腐烂；门窗扇是否有外力作用的损坏等。根据不同损坏情况，确定修缮等级（图2-34）。

12）木门窗油漆

面层标准为一底两面油。查勘时按木门窗油漆的基层面处理来定。基本可定四

图 2-32　损坏的百叶窗　　　　　　　　　图 2-33　损坏的木窗

图 2-34　木窗样式

个等级，修出白局部批嵌、半出白部分批嵌、全出白满批嵌、新做油漆全套。

查勘时，直观检查木门窗油漆层的底子完好程度。套用查勘标准、数量，按实计算。

5. 石库门大门查勘

石库门大门的门樘是由四根整体石条垒叠而成，门框樘镶嵌于砖墙体之中，又因石条门框樘的厚度与砖墙体厚度相等，

材质反差远视犹如在墙体上增设了一道石箍门洞，由此这樘围墙上的门被称为"石库门"（图 2-35、图 2-36）。

石库门大门的构造，由四根整体石条垒叠成，分别为压顶石条、下槛石条和两根竖梃石条组成石库门的石条门框，再由 2 英寸（50mm）厚洋松板材实拼做成的两扇木门配以附件，直撑木栓，横向门闩及其他铁器配件。安装形式为摇梗贴靠在石条门框内侧。

图 2-35 石库门

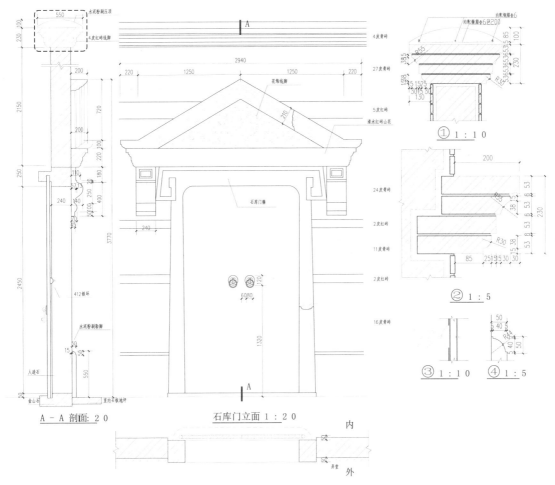

图 2-36　石库门平、立、剖面图

一般石库门的石条门框损坏率很小，主要查勘两扇实拼木门的易损坏部位。上下木摇梗部位有腐烂损坏现象，作接梗修缮方案查勘。石库门门扇下端有腐烂损坏现象，在修缮时按接两梃换一冒（拍冒头）修缮。属木门大修。直撑门闩下部腐烂，可作修接修缮，严重的可按原样更换。

6. 天井部位查勘

1）前天井

前天井南立面为砖砌体，砖挑砌压顶的围墙（中间嵌立的石库门已查勘过）。查勘时，直观检查砖体墙身，压顶挑砌砖

是否有缺损。根据损坏程度、范围制订镶砌或挑砌的修缮方案，对墙外表剥落、起壳、裂缝的粉刷层，按损坏程度、范围列出零星修补、局部斩粉、全斩粉的修缮方案，包括墙身下部水泥勒脚（图 2-37）。

前天井东、西立面为对称的东西厢房外立面，二层东、西厢房立面上部为固定腰窗，中部为摇梗开关窗，下部外侧为防水裙板（图 2-38）。查勘裙板时，直观检查裙板缺损、腐烂、裂缝、松动，一般腐烂位置均在裙板下半部。根据查勘情况，整修加固或调换部分裙板。底层东、西厢房立面与二层一样，只是窗扇下部为砂浆

图 2-37　前天井

图 2-38　二层花式木裙板

图 2-39　石库门内天井

图 2-40　平顶损坏

粉刷层的台度及水泥勒脚，按损坏程度确定修补、局部斩粉与全斩粉的修缮方案。

前天井内正立面为落地长窗，查勘内容类似木门窗查勘。

前天井水泥地坪，直观检查是否有裂缝、塌陷、碎裂。根据损坏情况，进行局部修补、局部翻做、全部翻做及前天井明沟翻做，包括调换十三号（窨井）。

2）后天井（内天井）

主要是四面墙体的粉刷（图2-39），包括水泥勒脚、水泥地坪、明沟、十三号（窨井）等，参照前天井相关项目查勘，后天井墙上的门窗参照木门窗部分查勘。

后天井一般设有砖砌水池，或预制水斗（要砌水池脚头），如有损坏，应重新拆砌或更换预制水斗，灶间水池或水斗可参照此项查勘。

7. 室内部分查勘

设定以一幢或一个门牌号为计算的查勘单元。查勘前可先对房屋内部分隔、布局、房间名称，作一初步了解，以使查勘工作顺利展开（以一客堂两厢房为例），查勘部位分作：

二层东厢房、二层西厢房，底层东厢房、底层西厢房（均可分为前、后两厢房，中间有木塞板）、二层前楼、二层楼梯间、二层亭子间、木楼梯，底层前客堂、前天井、石库门、内天井（或后天井），底层灶间。

查勘以泥、木两种工种，相互配合搭档合作。单项查勘内容，如平顶、墙面、楼面、地面、木楼梯、木门窗等。

1）平　顶

以二层房间吊平顶为例，观察其平顶面上是否有渗漏水痕迹，中央部位是否有下挠现象，平顶墙周边是否有塌落现象，平顶粉刷层是否有剥落、起壳、裂缝等现象，平顶周围线条及平顶中央花式灯圈是否完好等（图2-40）。

对查勘发现的问题，则列出修缮方案：

（1）对平顶中央下挠，周边塌落的现象，作平顶牮平加固，部分平顶拆做，更

图 2-41　墙面剥落、起壳

图 2-42　粉刷脱落、墙体裂缝

换木吊筋，木主、副龙骨，增设临时施工撑。

（2）对平顶粉刷层剥落、起壳、裂缝等现象，采用零星修补、局部斩粉或全斩粉。

（3）损坏的平顶线条、花式石膏线脚图案，灯圈等按原样修复。

2）墙　面

查勘墙面损坏粉刷层，观察外墙内侧是否有渗漏水痕迹，对墙面上墙体缺损孔洞用砖块镶砌；对墙面粉刷层剥落、起壳（可以用小榔头拖敲检测）、裂缝，采用零星修补、局部斩粉或全斩粉（图 2-41、图 2-42）。

板条墙查勘时，先用力做推试检测，特别是墙体下部是否有晃动现象。用螺丝刀戳凿其根部，检测是否有腐烂、虫蛀的损伤，墙面粉刷层是否有剥落、起壳、裂缝等损坏现象，板墙撑筋是否牢固，板墙

面的板条子是否完好等。如有上述一系列损坏，则用同截面木材，根据查勘情况，采用更换板墙筋，包括更换上、下木槛，绑接板墙筋，拆钉换新板墙板条子，斩粉修补板墙，粉刷层等。

3）底层地坪

底层地坪层分为三大种类：架空地板、地坪饰面层和一般水泥地坪。

架空地板以底层厢房为例（图 2-43～图 2-45）。进入房间后，观察地板表面层，与检测地格栅损坏程度与二层楼面的前楼观察检测法基本一致。

对地板塌落较严重的，按损坏程度拆铺增添 20% 新地板，拆砌损坏的地垄墙，更换地垄墙上的沿游木，更换损坏的木地板格栅，或绑接木地格栅。在绑接木地格栅的墙根处，增砌一道 10 英寸砖礅，刷防

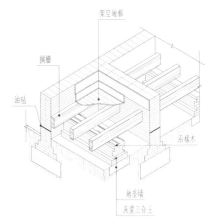

图 2-43　架空地板构造

腐涂料，如遇白蚁、虫蛀，需喷洒药水，最后牮平地格栅，固定后铺设木地板。对于损伤较轻的，则同二层前楼修补木楼板一样（这是架空地板修缮的查勘法之一）。

地坪饰面层以底层客堂间为例。底层客堂间地坪饰面层多数用花砖铺贴成花式地坪（图 2-46、图 2-47）。因年代久远，这些花砖已濒临失传，因此对个别已损坏的花砖面，只能用相似材料给予修补或把

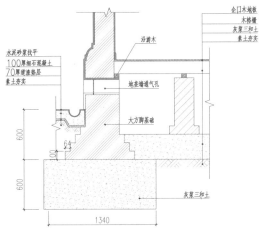

图 2-44　砖基础构造图（一）

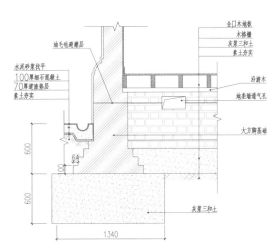

图 2-45　砖基础构造图（二）

图 2-46　花砖地坪

图 2-47　马赛克地坪

图 2-48　水泥地坪

隐蔽处同样的花砖挖凿出来修补于此。

4）底层灶间、前后天井普通水泥地坪

查勘前后天井的普通水泥地坪（图2-48）是否有缺损、凹陷、碎裂、起壳或地面渗漏水等现象，根据损坏程度不同、范围大小，列出零星修补、局部翻做的查勘记录。区域内地坪损坏超过50%，则以全部翻做处理。

5）二层楼面

以二层前楼为例，木格栅是横跨搁置在东西两侧墙上。进入房间后，先查勘楼板面是否有腐烂、虫蛀、缺损、裂缝、断裂以及空洞现象（图2-49），然后在楼面木格栅端头上方用脚使力来回踏几步，看看是否有像弹簧似的上下簸动。查明进墙的格栅头子是否被虫蛀、腐烂而松动。发现松动处，即用螺丝刀等工具，探测损坏程度（图2-50）。当损害较轻时，则扩大墙洞，用同质50mm宽木料绑接后搁置墙内。当损害较严重时，则去除损坏部分，再用同质木料双面夹接，即两侧用铁板和对接螺栓夹接，然后搁置墙内。上述两种修缮方法都是在现场操作，因此施工时，需要在格栅底做好临时支撑，常用琵琶撑或顶撑。在绑接和夹接格栅后，要注意格栅面平整，以方便后续平铺地板的平整度。若发现木地板有缺损，则要修补或局部换新。

图 2-49 木楼面损坏

图 2-50 木搁栅（重点查勘）

8. 木楼梯

查勘前先了解木楼梯在房屋中所处位置、木楼梯构造、各组合构件名称，便于顺利开展查勘。

木楼梯位置处在底层客堂间后面，灶披间（卫生间）或内天井南面一矩形空间里。

木楼梯分上、下两梯段，中间设休息小平台，小平台有踏步通往北侧亭子间。楼梯间按上、下可分为底层楼梯间与二层楼梯间两个区间。

木楼梯隐蔽构件包括：扶梯基（木斜梁）、扶梯平台小格栅、扶梯三角木、扶梯板墙筋、板条子等。

木楼梯构件还包括：扶梯踏步板、扶梯踢脚板、凸角条、扶梯靠墙踢脚板、小平台企口木楼板、扶梯木柱、扶梯木扶手、扶梯木栏杆、扶梯平顶。

查勘木楼梯时，先用力对两梯段进行上下试跑，检测楼梯稳定性与牢固程度，特别是下梯段下端是否有上下或倾斜性的上下弹跳，踏步板或其他构件联结松垮发出的吱嘎声。

对下梯段有上下或倾斜性弹跳的，再用工具拆开扶梯下部部分平顶面，用螺丝刀探凿扶梯基着地处，用手电筒照看是否有腐烂现象及腐烂的程度。

1）查　勘

去除腐烂部位，用同截面同质木材绑接。

若两根扶梯基（楼梯斜梁）都有腐烂现象，但腐烂高度未超过一踏步高度时，可将两根扶梯基下端锯掉一踏步高度，以砖砌替代最下一级木踏步，使锯后的两根扶梯基坐实在砖砌踏步上。

若该扶梯基虫蛀或损坏超50%，则按原样换新。任务单要明确施工作业范围内的拆做调换工作量（如拆踏步板，平顶等）及施工方案。需增设临时施工撑、扶梯休息平台小格栅。如有损坏，因木格栅短小，则整根调换。拆铺平台企口板部分添新。

扶梯三角木一般不易损坏，在绑接扶梯基时适当新添2～4处三角木，在翻做踏步时，三角木只作整理加钉处理。

图2-51　木楼梯踢脚板磨损　　　　图2-52　木楼梯踏步口磨损　　　　图2-53　踏步板修缮后

图2-54　平台小格栅损坏梯段　　　　　　　图2-55　楼梯格栅老化

2）翻做扶梯踏步

检测整座扶梯的踏步板、踢脚线、凸角条、靠墙踢脚板、扶梯柱头、扶手、木栏杆。凡踏步板缺损、裂缝、外口磨损在1/2以上的都按原样换新（如可能，可尽量将无缺损踏步板翻身后再利用）。损坏的踢脚板、凸角条，按原样换新。靠墙踢脚板腐烂、缺损的，按原样以米为单位修复。对扶梯木柱下端有腐烂的。给予修接；对摇晃的扶梯木柱、扶手，作加固稳定修缮。对缺损的木栏杆，按原样增添修复。对损坏的扶梯底部平顶，按原样修复（图2-51～图2-55）。

查勘木楼梯的注意点：确保隐蔽部位扶梯基稳定、可靠、牢固。扶梯踏步板、木柱、扶手使用必须安全可靠。

9. 室内木塞板隔断

以厢房中间一道木塞板为例。塞板材料一般以洋松企口板为主材，设上、下进槽的主槛，中间设1-2道副木档，塞板靠墙处设门洞一樘，木门一扇（见门窗的查勘）。为了有利厢房南北两间采光通风，一般在塞板上部约0.80～1.20m高处留出空挡，用木板条钉成交叉网格形相隔。室内分隔塞板一般不易损坏，除非受到外力或白蚁破坏。查勘时，也只对损坏部位作修补或局部调换，正常情况下，只作检修加固处理。

10．室外沟路系统

在室外沟路查勘过程中，不仅需要调查原有沟路、管道等维修情况，还要对原有小区路面损坏、雨污水管道作仔细检查。

更换比原管径粗的雨污水管与市政管道相接通时，拆砌或增设雨污水窨井、茄厘、十三号（窨井）、翻做明沟、翻做水泥或透水砖路面。

（七）保护修缮设计要点

在房屋施工修缮前，应由有资质的设计单位进行修缮设计。同时，设计要根据查勘的情况表、任务单以及保护原则等作为依据，在修缮的工艺要求、技术措施、修缮范围、数量选材等方面，制定具体的修缮方案，是房屋修缮中下达任务单的关键。

石库门建筑修缮设计特点是在查勘基础上，还需进行调查研究、历史考证、踏勘现场、调阅复合旧图纸、对应查勘任务单，综合分析房屋各类情况，采取合理措施，制定修缮设计方案，特别是方案中的"拆、改、留、移、护"等应经过相应主管部门审批同意后（或通过专家评审后）方可进入下一步工作。

在制定修缮设计方案阶段，还需要与查勘人员沟通、讨论，包括需要注意的修缮范围、标准、难点、内容、注意事项以及一些较为复杂的技术等问题，以便完善设计方案。

（八）保护修缮施工要点

石库门建筑施工有别于其他施工项目，在修缮施工阶段，首先应由有资质的施工单位进行修缮施工，同时需满足石库门建筑的安全、稳定性，延长房屋使用寿命，延续人文、科学、历史价值、舒适度以及使用需要。

石库门建筑修缮施工阶段主要内容包括：签订合同、落实任务、踏勘现场、材料与工艺考证、图纸确认，开工前的各项工作准备和现场施工条件准备，按计划组织施工，编制施工组织设计。在施工过程中进行全面控制和全方位协调，同时还要合理利用场地空间，保持与居民的良好沟通，保证良好的施工条件与组织工程竣工验收。

1．编制修缮工程的施工组织设计

施工组织设计是指导有计划有节奏施工的综合性文件，是施工生产管理中施工准备和组织的重要工作。编制施工组织设计的目的，主要是对施工过程中各环节预先进行研究，研究工作地现场布置，包括施工过程组织、劳动组织、料具、机具、设备的管理安全施工等，以确定最佳施工方案。事先发现问题，采取预防措施和解决办法，保证修缮工程按期按质按量完成。

1）施工组织设计方案或施工说明编制要求

①应涵盖该施工项目全过程，在编制时应结合查勘任务单、设计文件，认真对应现场实际情况，尤其是石库门建筑重点保护部位的对应叙述。

②应结合石库门建筑特点、重点、难点和要求，编制的施工组织设计应具有针对性、指导性和可操作性，同时，还应符合各类法规、条例、施工合同、招投标文

件等。

③应符合施工有关的质量要求、进度安排、职业健康安全、环境保护、文明施工等。

④编排的施工组织设计文件简单明了，同时应避免修缮工艺与现场实际情况不符。

2）施工组织设计基本内容

包括工程概况、结构形式、保护等级、施工范围、历史沿革考证、修缮目标、修缮原则、编制依据、现场情况、建筑特色与重点保护部位施工工艺及材料分析、具体修缮措施、施工组织机构、样板制作计划、施工平面布置、总体部署、施工进度计划与工期保障措施、施工资源配置计划、修缮质量管理保证措施、职业健康保证措施、安全管理保证措施、应急预案、特殊季节与情况下的施工措施、环境管理保证措施、文明施工管理保证措施和常用图标等内容。

应根据政府管理部门出具的行政许可书与告知单，针对不同类型、不同保护要求的石库门建筑深化与制定具体施工技术等措施。

3）施工计划的编制与管理

计划管理工作，包括计划研究、计划制定、计划检查、计划调整、计划总结等一系列环节，其中积极做好计划工作的综合平衡，是计划管理的基本工作方法。

加强计划管理必须抓好以下几个环节：

（1）按任务单施工

编制作业计划的依据是施工人员数和工程预算任务单。施工任务单的编制是在施工前对房屋损坏程度、维修方法、材料使用、需工多少等经过实地查勘后，在为施工提供比较可靠依据基础上编制合理的作业计划。因此，必须按任务单施工，否则，作业计划的正确性、可行性就会遭到破坏，作业计划也就难以实现。计划不起作用，任务也就难以完成。

（2）抓好统计与量方工作

计划下达后，就要不断抓计划完成情况、搞好统计工作。统计主要是收集情况，运用报表方法，提供全面资料。要肯定成绩、揭示矛盾，发挥监督促进作用，及时反映生产面貌，了解各项指标完成情况。因此，主管生产者必须重视统计工作，对统计报表数字要进行分析。

在统计工作中，必须抓好量方工作。它不但是统计工作中的原始资料，也反映出工人是否完成劳动定额，质量是否符合要求等问题，这对提高一个工程单位的收益有着密切关系。

2. 石库门建筑保护修缮施工前准备

修缮施工前的准备是针对修缮工程特点与进度要求，排摸分析好施工前各项客观条件，做好相应的施工计划，并积极从人员、工具、材料和组织等方面为修缮工程施工创造一切必要条件，保证工程开后能有序进行。

1）开工前的组织规划准备

包括进行查勘设计与施工的技术交底、了解施工区域内场地环境、周边区域情况、编制施工区域内地形图、签订相应修缮工程协议或承包合同、做好与居民的相关解释、沟通与服务工作等。

2）开工前现场准备

包括平整场地、清理整洁施工区域内环境、布置现场平面、接通水源、电源、排水渠道、组织材料、施工机械设备工具等进场、合理布置好施工场地等。

3）全面施工准备

其包括组织项目内有关人员进行图纸会审、技术交底，对施工人员进行三级安全教育，编制施工组织设计方案、编写施工说明、编制工程预算等。

4）修缮施工准备工作必须注意三结合

其包括查勘、设计与施工相结合、室外与室内相结合、各专业工种相结合。

3.保护修缮施工阶段的管理

①实行科学管理，坚持文明施工，及时发现与解决施工中出现的各种矛盾，协调好各单位、人员之间的关系。

②妥善安排施工顺序，检查合同工期与施工进度表执行情况，进行人员、物资的综合平衡，充分利用场地。

③严格把控施工质量，合理安排用工、用材、施工工具、方法等，结合现场实际情况，合理分配进行施工。

④在关键部位、关键工序上应派专人检查，必要时，还应跟踪或追踪检查，发现问题及时解决问题。

⑤结合目测法（看、摸、敲、照）与实测法（靠、量、吊、靠）等方法对实际修缮效果进行检查。

4.石库门建筑修缮施工竣工验收

1）石库门建筑保护修缮竣工验收基本规定

①在竣工验收阶段应依据有关法律法规、建筑技术规范、设计文件、经批准的施工方案及施工合同，对工程实施检查，确认已完成工程设计和合同约定的各项内容，达到竣工验收标准。

②应对保护修缮分部分项工程组织质量自评，在工程项目部自评合格基础上，及时由企业质量技术部门对工程质量进行检查评定，并向实施单位、监理单位提交竣工验收报告。

③按照国家及本市有关建设工程和相关历史建筑修缮工程相关规定，汇总整理保护修缮工程（总包及分包）竣工档案资料；编制反映施工过程的影像资料（图文版和电子版）；编制完整的竣工图纸。

④参加单位工程竣工验收和重点保护要求符合性验收。

2）石库门建筑保护修缮竣工验收内容

①对实际施工结果与告知要求、设计图纸、施工方案、批准样板的一致性进行核验。

②对日常管理发现问题的整改落实情况进行确认。

③对重点保护部位感观质量和总体效果做出评价等。

3）保护修缮竣工验收要点

①对相关管理部门出具的"行政许可决定书"或"告知书"中重点保护部位保护要求的总体落实情况。

②结构安全隐患消除情况及对保护部位的干预程度。

③外部重点保护部位修缮后与建筑原貌的协调程度。

④结构体系与保护要求的相符性。

⑤室内空间格局与保护要求的相符性。

⑥建筑内部特色装饰构件的原物保存程度和修缮效果。

⑦新材料、新技术、新工艺与建筑风格的融合性。

⑧安装工程对重点保护部位的影响程度及与保护部位的协调性。

⑨其他修缮（装饰）工程对重点保护部位的干预程度。

⑩传统修缮工艺、技术的应用情况及重点保护部位的整体感观质量。

⑪工程档案资料的完整、全面、准确程度。

⑫工程中应整改的问题整改完成情况。

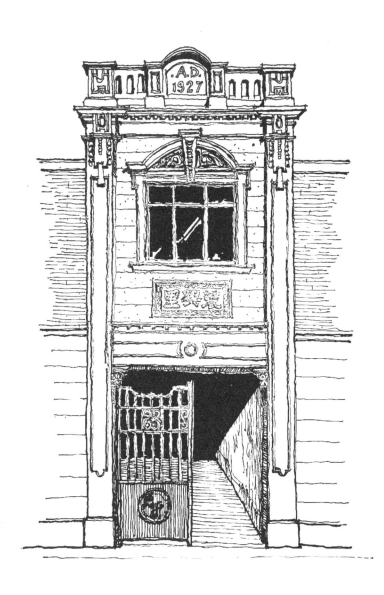

第三章 施工修缮技艺

石库门建筑是上海弥足珍贵的历史文化遗产，已成为展示上海形象和城市文化的重要名片，愈来愈受到广大市民的关心和喜爱。它鲜明地反映了建筑的时代性和地域性。

随着时间的推移，房屋修缮管理、技术、施工人员严重缺乏，人员老化。同时，设计人员基本来自建筑、环艺等专业，缺乏必要的房屋修缮基本知识，尤其对近代砖木结构、瓦屋面等不够熟悉，对修缮施工工艺了解少之又少，也缺乏对历史建筑各重点保护部位原材料、原工艺的考证依据，对施工起不到指导作用，造成施工修缮工艺的随意性，甚至造成严重的"修缮性"破坏。

因此，及时总结石库门建筑的保护修缮工艺技术，尤为必要。石库门建筑是上海最有代表性的住宅建筑，被认为是上海近代都市文明的象征之一，所以我们更应对其更好地保护、修缮与利用，不让其消失在历史的进程中。

一、屋　面

石库门建筑的屋面是从江南民居硬山屋顶演变而来，由木构架、桁条、橡子、望板和瓦片构成，后期石库门建筑为了避免屋面雨水顺檐口滴下影响人流，在檐口设置了封檐板，并加做白铁皮横水落，形成有组织的排水功能。

（一）屋　架
1. 组成木屋架各构件的名称
（以豪式屋架为例，见图3-1）
①天平大料（下弦木）
②人字木（上弦木）
③中桐（中杆木）
④矮固（腹杆木）
⑤斜撑（斜撑木）

2. 制作木屋架的木材
一般取洋松成材方木或圆筒杉木，以6m跨度为例，木屋架各构件截面尺寸（参考）：

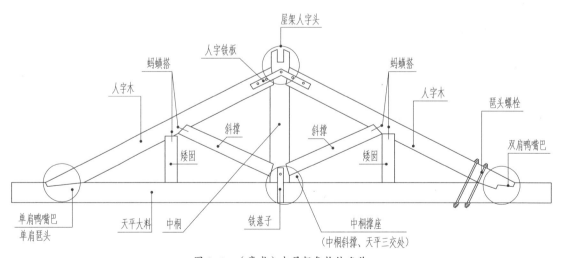

图3-1　（豪式）木屋架各构件名称

①天平大料（100～150mm）×（250～300mm）

②人字木（100～150mm）×（200～250mm）

③中桐（100～150mm）×（250～300mm）

④斜撑（100～150mm）×200mm

3．木屋架节点名称与构造

①"人字头"是两根人字木上端对称相交搁置在中桐上端，采用榫卯构造，二者会交的结合部（图3-2）。

②"屋架琵头"是人字木下端部坐实于天平大料头子上，用榫卯构造紧密连接

的人字木，天平大料中心线与墙中心线交于一点的搁支点部位。人字木与天平大料榫卯结合分单肩榫与双肩榫，结合处又称鸭嘴巴（图3-3）。

③蚂蟥搭：即"蚂蟥钉"，"U"形铁质构件，在木结构中用于加固构件连接。

④天平大料：指屋架下弦的水平大料，也称"下弦大料"。

4．屋架其余构件的构造连接

①中桐、斜撑与天平大料的榫卯构造（图3-4）

②人字木、斜撑、矮囱与天平大料的榫卯构造（图3-5）

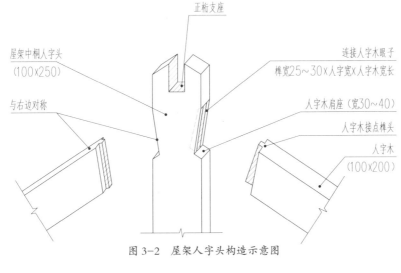

图3-2　屋架人字头构造示意图

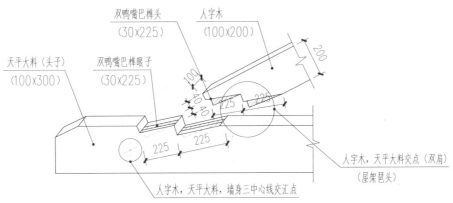

图3-3　屋架双肩琵头鸭嘴巴构造示意图

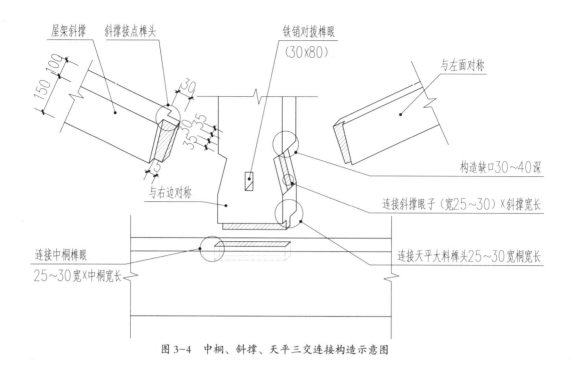

图 3-4 中桐、斜撑、天平三交连接构造示意图

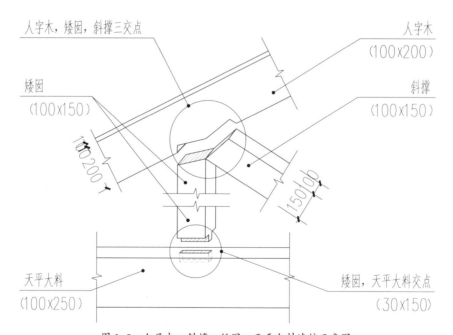

图 3-5 人字木、斜撑、矮囤、天平大料连接示意图

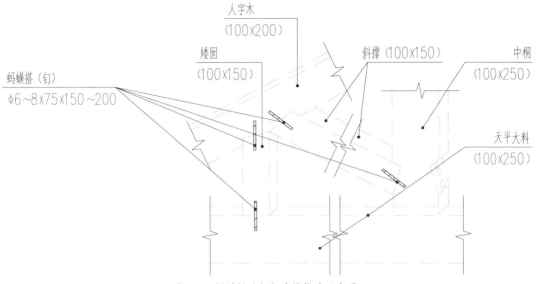

图 3-6 蚂蟥搭（钉）连接构造示意图

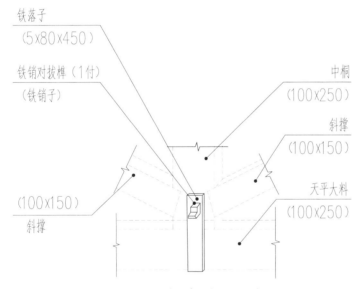

图 3-7 铁落子在屋架位置示意图

③蚂蟥搭（钉）连接构造（图 3-6）

④铁落子连接构造（图 3-7）

⑥铁销对拔榫（图 3-10）

⑦蚂蟥搭（图 3-11）

5. 连接固定木屋架的铁器附设件

①人字铁板（图 3-8、图 3-9）

②琶头螺丝（图 3-9）

③铁落子（图 3-10）

④铁板豆腐干（图 3-10）

⑤铁板对撬螺丝（图 3-10）

6. 新做木屋架（豪式）的计算方法与操作手艺

1）屋架跨度

根据搁置屋架两墙之间中心轴线计算屋架长度。

2）屋面坡度（屋面流水度）

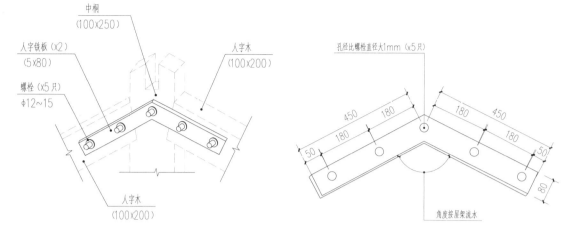

图 3-8　人字铁板在屋架位置示意图　　　　　图 3-9　屋架附件人字铁板示意图

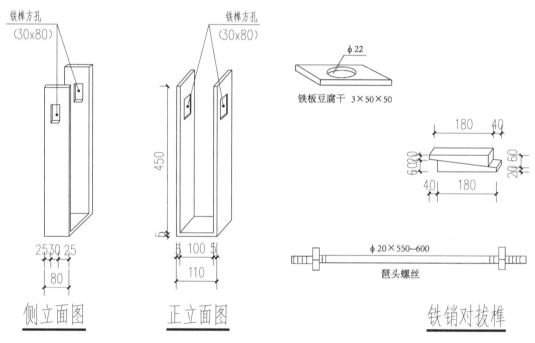

图 3-10　屋架铁落子构造示意图

屋面坡度大小由屋架跨度直线的中心点向上引直线的高低尺寸来控制，以对折流水为例，中桐高度为屋架跨距的 25%，人字木与天平大料夹角约 26.56°（图 3-12 ~ 图 3-14）。

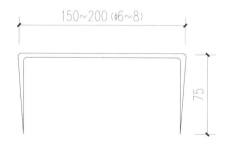

图 3-11　蚂蟥搭（钉）示意图

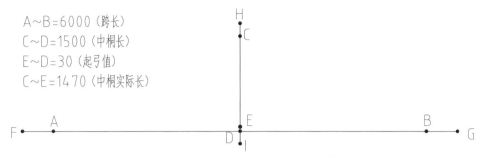

A~B=6000（跨长）
C~D=1500（中桐长）
E~D=30（起弓值）
C~E=1470（中桐实际长）

①FG=大于屋架跨度长的直线段　②AB=屋架跨长直线段（二墙中心线之距）
③D=跨长中心点　④HI=垂直跨长中心点的直线段　⑤CD=中桐中心直线段
⑥ED=跨长1/200起弓直线段

图 3-12　新做木屋架的计算放样步骤

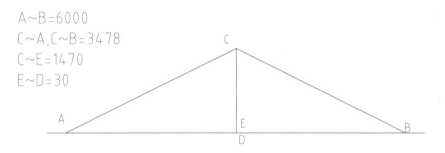

A~B=6000
C~A,C~B=3478
C~E=1470
E~D=30

①AB=下弦木中心线　②CA,CD=上弦木中心线　③CE=中桐中心线

图 3-13　屋架中心段连接示意图

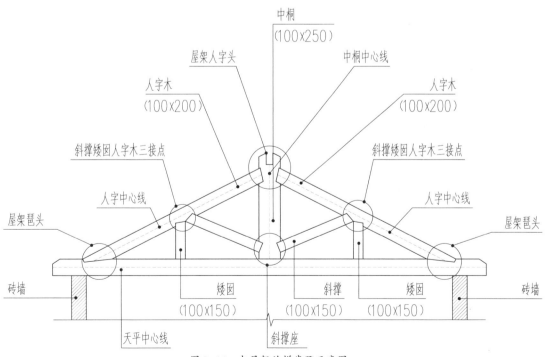

图 3-14　木屋架放样步骤示意图

7. 新做屋架弹线放样

①选取大于屋架面积的平整场地，在地坪上弹出超过屋架跨度的直线。

②在直线段上定出屋架跨度的两端定位点（A,B），并各自向外放出屋架琶头延长线（以此直线为天平大料的中心线 AF,BG）。

③取出直线段（跨长定位线）的中心点，向上弹出垂直线（此线为中桐中心线 CE），取跨长 1/4 的长度定位于垂直线上，是中桐的高度线（CE），也是屋面坡度的高度点。

④在跨长线段两端的定位点与中心垂直线上的定位点各向两边弹出连接斜直线（是两根人字木的中心线，AC，CB）。

⑤由人字木、中桐、天平大料的中心线各自向两边放出所用木材截面的尺寸，并在天平大料两头放出琶头应有长度，接着再弹出斜撑、矮囡各自位置的定位直线（FA,BG,HC,EI）。

⑥用夹板翻做木屋架各构件实样样板并弹出中心线，并在各样板接点上放做出榫卯构件洞口的（眼子线）榫头线、挖槽线。

⑦在实施新做屋架时，将各构件样板套画在各构件实体木材上，锯、刨、挖、凿各构件之间的接点部位，然后拼装、配装附设铁器。

⑧用已翻做好的木屋架各构件实体样板，根据各构件之间连接节点的榫卯结构构造加工出各构件的外形尺寸。在节点构造有榫的部位，落料时应放出榫头位置余量，然后画出各构件上的形状线，如凿眼子、挖斜槽等进行操作。成形后先进行平面拼装，修正误差，并在屋架人字头部位套画出人字铁板螺栓眼子的位置及中桐与天平大料结合点上铁落子眼子的位置，最后将木屋架竖起来，总体组装合拢。组装步骤：先把天平大料立摆在两端下方，各垫一块100～150mm 厚垫头木，再按照顺序施工：

①安装中桐；

②安装两根人字木；

③安装两根"矮囡"；

④安装两根斜撑。

当屋架竖起后，在屋架两旁用临时斜撑撑牢竖起的屋架，不使其向两边倾倒，然后再按顺序安装附加铁器：

①安装屋架琶头螺丝；

②安装屋架铁落子；

③安装人字铁板；

④安装矮囡与人字木，天平大料节点上的蚂蝗搭、斜撑与中桐、人字木接点的蚂蝗搭，这样新做屋架才算完成。

8. 常见木屋架损坏部位及修缮施工工艺

木屋架易损坏的部位，常见于木屋架在墙中搁置点人字木下端与天平大料头子的接合点。屋架琶头处于屋面最下端，容易聚集水，一旦该处防水层损坏后，也最容易渗漏到屋架琶头的鸭嘴巴内积累，气候变化长年累月，致使该处出现腐烂、闷酥等损坏现象。

具体修缮方案如下：

①对损坏程度较少，范围小，在不影响承重结构功能的情况下，可对损坏部位采用同质材料挖补修缮。

②对损坏程度较为严重，损坏面较大的屋架琶头，则截去损坏部位，用同质同截面材料填充到截去部位，用钢板双面夹接修复。

9.钢板双面夹接屋架琶头施工工艺

（按天平大料头子，人字木底部头子都损坏的状况）

①按查勘设计要求，预先定制好夹接天平大料、人字木构件钢板各一副并配备螺栓。

②爬入屋面内查勘屋架琶头损坏情况，天平大料与人字木节点构造形状，具体损坏之处所选需用材量。

③根据勘察结果，预先用同质同截面材料加工好被修缮取代的人字木、天平大料构件，加工好两构件节点的构造造型（锯榫头、凿眼子、作出鸭嘴巴造型），并在地面试拼装修正误差。

④在修缮夹接屋架琶头前，先在天平大料底（屋架底）增设 2 ～ 3 道施工临时支撑（留出施工操作面），在修缮范围内搭设施工脚手架。

⑤拆卸影响施工操作区域内的瓦片、屋面板、平顶及其他构件物，支撑好被夹接的屋架人字木，用千斤顶抬高被夹接的屋架琶头，使其脱离支座 30 ～ 50mm，以便夹接施工操作。

⑥夹接施工开始时，先将被取代预制的两构件部件，分别在人字木底部、天平大料头子部贴合在损坏处画出应截去部位的控制线，用锯子精准截去两构件损坏部位，然后再微调修正。

⑦将修接替换的构件，在截去位置进行试拼装，观看被接构件与原构件的节点吻合情况。如屋架琶头鸭嘴巴开口处吻合情况。若有误差，待修正后再次拼装，直至符合要求为止。然后将两副夹接用铁板分别贴合在人字木夹接处、天平大料夹接处，画出夹接铁板螺栓孔的位置。卸去钢板用电钻在现场钻孔，然后在夹接构件的两面套上铁板螺栓，进行对撬。先勿撬紧，待校正固定后，再撬紧。此时，在人字木与天平大料接合的鸭嘴巴部位，从人字木上部入手，斜向钻孔，在天平大料底部穿出，配上合乎规范的琶头螺栓加双螺帽拧紧。

⑧在完成铁板双面夹接屋架琶头后，慢慢松放千斤顶，上下移动，将屋架琶头复位于原来支座上。拆除临时施工支撑，然后对屋面、平顶等作恢复性修缮，最后拆除施工用脚手架（图 3-15）。

10.木桁条施工操作工艺

1）木桁条的材质与规格（以开间 3600 ～ 4100mm 为例），方木以洋松材质

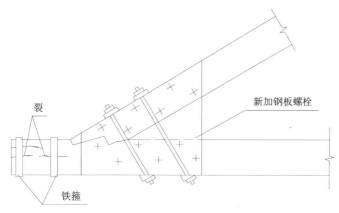

图 3-15　钢板双面夹接屋架琶头示意

为主，常见规格 75mm×200mm 圆筒木则以杉木材质居多，常见规格小头直径不低于 180mm。

2）桁条间距铺屋面板的一般在 800～1000mm；钉椽子的屋面一般在 900～1100mm。

3）桁条搁置在山墙上的，应预先凿好墙洞，并摆放在墙洞内垫头木上，进墙桁条头子及垫木应经过防腐处理（一般涂刷防腐材料一底两度）待调整高低及间距后才能封堵墙洞。

4）桁条搁置在屋架上，应预先在屋架的人字木上按间距钉好桁托木（俗称三角木），桁托木大面应低于桁条面 50～75mm。木桁条应该用钉固定在屋架及桁托木上，平行搁置在屋架上（应用蚂蝗搭相互牵钉牢）。

5）按顺序调整平整搁置在山墙上的桁条。

首先摆放墙山尖上的正桁，如果是方木桁条，应在正桁面弹出中线，预先在地面按屋面流水坡两面各斩出相应斜板面，控制好正桁（屋脊梁）面标高，即水平向的中心位距及整根桁条的水平度，并做好临时固定措施。

接着摆放屋面檐口上的檐桁（如果是方木桁条，应在桁条上平面按屋面流水坡度斩出单面斜板坡，因为檐桁是垂直于长墙面摆放在墙中心线位置上的）。参照正檐摆法，调整好桁条高低、进出、水平的位置并做好临时固定措施。

在摆放剩余桁条前，先要校验正桁与檐桁标高轴线位置误差，水平位置尺寸及两桁间的平行度，然后将屋面上应摆的二桁三桁等桁条，先全部搁放在两座山墙大

约的位置上，后在两山墙边各自从正桁面沿山墙拉出两根斜直线到檐桁面，作为其余桁条摆放的标高控制线，再用预先计算好画在数棒上的桁条间距尺寸，复画在两边山墙上为各桁条的中心线控制线（并随时用数棒来校正桁条的间距线）。根据标高轴线的两根控制线对各桁条开始精准定位。先在各桁条头子底下垫置垫木，再用木对拔榫微调到正确位置。当桁条全部摆放完成后再检验一下桁条位置的水平度、整体平整度，用长木板沿着山墙边临时牵钉多根桁条，再交付泥工砌筑出屋面的山墙体。待砖砌砂浆达到强度后，拆除原先钉在桁条上的临时固定搭头，全面铺开钉屋面板或钉椽子（凡进墙身里的桁条头子、垫头木、对拔榫都需作防腐处理）。

6）木桁条损坏的几种修缮施工工艺

木桁条主要损坏现象如下：

（1）进砖墙内的桁条头子腐烂(闷酥)；

（2）桁条出现多处开裂，斜裂缝；

（3）桁条下挠幅度过大，这些现象在物资相当匮乏，劳动力低廉的时代，往往只是采取临时补救修缮措施——绑接、夹接、挖补、垫补等，目前已不采取这种修缮手段，而予以整根调换。

7）几种修缮工艺

（1）绑　接

对一些表层轻微腐烂的桁条头子，采用增强桁条头子刚度的绑接法。在施工现场实地操作（图 3-16）。

①先扩大桁条进墙处的两旁墙洞，用两块 25～30mm 厚同质同宽的木材绑接轻微腐烂的桁条头子。

②进墙段经防腐处理后，在扩大的墙洞两边各伸进一块木料紧贴牢桁条头子，

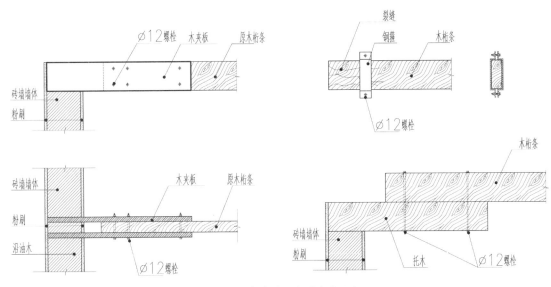

图 3-16　桁条头子加固方法示意

用 100mm 长钉子在桁条上钉牢（用单面绑接时，绑接木料应贴牢桁条头子下方大面），然后镶砌墙洞。

（2）铁板双面夹接

预先准备好夹接的铁螺栓，将需夹接的桁条先裁掉腐烂部分，用同质同截面木材替代截去部分，用铁板钻孔两面夹接牢后，再吊上屋面进墙洞复位（进墙头子须做防腐处理）（图 3-17）。

（3）屋面下挠修缮施工工艺

（适用于桁条中间下挠在 75mm 以内，见图 3-18、图 3-19）

①用垫衬法借平屋面，先在屋面桁条下挠度较大的位置，用麻线拉出一条平直线后，在中间测出其下弯挠度的尺寸及下挠范围长度，制作一根与桁条厚度相等的摊拔形垫木，其厚度根据桁条下挠尺寸确定。在屋面桁条下挠处，拆掉相应的几块屋面板并在垫平区域内，起掉屋面板在桁条上的钉子，将垫头木板衬垫在桁条上，借平桁条上口，然后再铺钉屋面板及屋面板加钉，恢复屋面平整（图 3-20、图 3-21）。

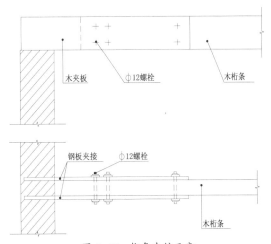

图 3-17　桁条夹接示意

②用绑钉法借平屋面，在屋面下挠桁条的区域间隔拆除相应屋面板，起掉屋面板在桁条上的钉子，使屋面板处于平直平整状态。测出下挠尺寸，用 30mm×100mm×长度的木材从侧上面绑钉在下挠桁条上，再铺钉屋面板，屋面板加钉，恢复屋面平整。

③当桁条下弯挠超出 75mm 时，应调换新桁条，不得翻身后再利用。

④当圆木桁条开裂（不影响结构受力的通长裂缝）时，可采用扁铁抱箍方法（可结合装饰效果，采用不锈钢等材料作抱箍）。

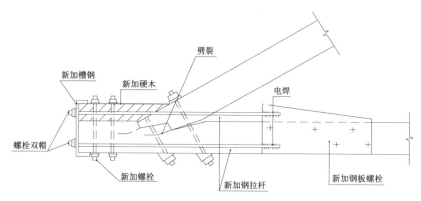

图 3-18　端节点下弦用串杆夹板加固示意

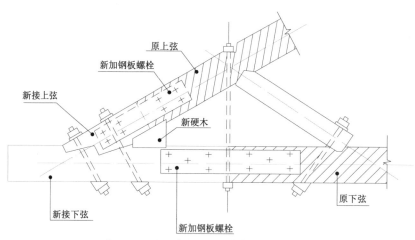

图 3-19　端、节点下弦用串杆夹板加固示意

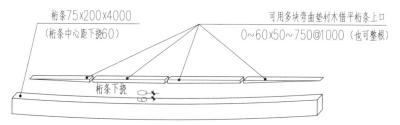

图 3-20　木桁条下挠不超过 70 时用垫衬木挠平直示意图

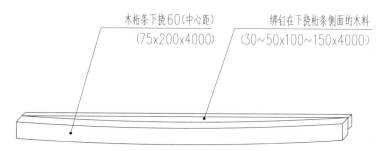

图 3-21　木桁条下挠用木条侧钉在下挠桁条上借平示意图

（二）平瓦屋面

石库门建筑平瓦屋面构造及介绍（图3-22～图3-26）

1. 屋面修缮前施工准备工作

1）技术准备

2）材料准备

3）工具设备准备

4）安全措施准备

5）环卫措施准备

2. 施工工艺流程

（从屋脊开始拆卸到屋面板面层为止）

①拆除屋脊（馄脊）

②拆卸平瓦

③拆除白铁防水构件

④凿铲出屋面的外墙粉刷层（包括烟囱，压顶），清运垃圾

⑤拆除挂瓦条

⑥拆除顺水条

⑦拆除防水卷材

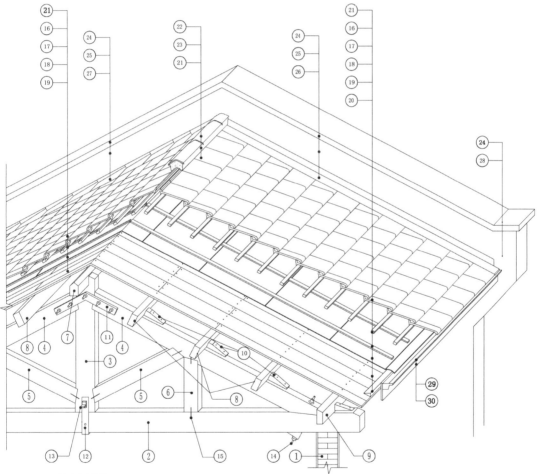

（一）屋面承重构件

①承重支座（墙或柱）　②天平大料　③中桐　④人字木　⑤斜撑　⑥矮囱　⑦正桁　⑧桁条　⑨檐桁

⑩桁托（三角木）　⑪人字铁板　⑫铁落子　⑬铁销子　⑭屋架琶头螺丝　⑮蚂蝗搭（钉）

（二）屋面基层　　　　　　　　　　　　　　　　　　　（三）屋面面层

⑯挂瓦条　⑰顺水条　⑱防水卷材　⑲屋面板　⑳闷檐条　㉑平瓦　㉒脊瓦　㉓屋脊　㉖落底凡水（白铁）　㉗踏步凡水（白铁）

（四）屋面其他构造

㉔山墙压顶出线　㉕山墙　㉘彩牌头　㉙横水落（白铁）　㉚封檐板

图3-22　平瓦屋面构造示意图

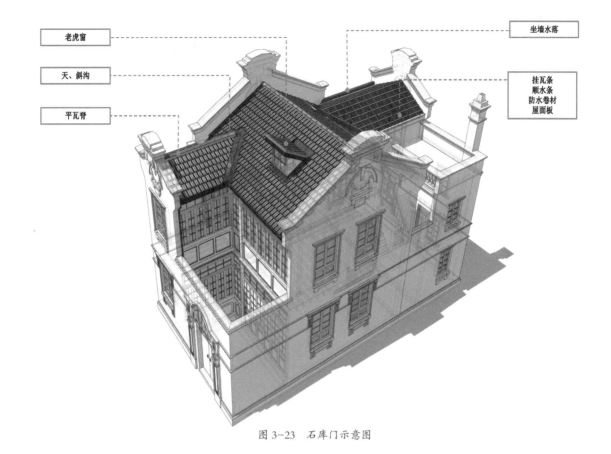

老虎窗

天、斜沟

平瓦脊

坐墙水落

挂瓦条
顺水条
防水卷材
屋面板

图 3-23　石库门示意图

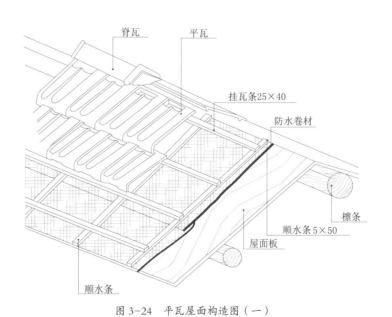

脊瓦

平瓦

挂瓦条25×40

防水卷材

檩条

顺水条5×50

屋面板

顺水条

图 3-24　平瓦屋面构造图（一）

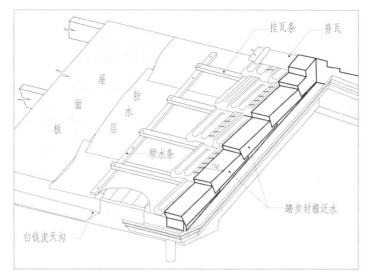

图 3-25 平瓦屋面构造（二）

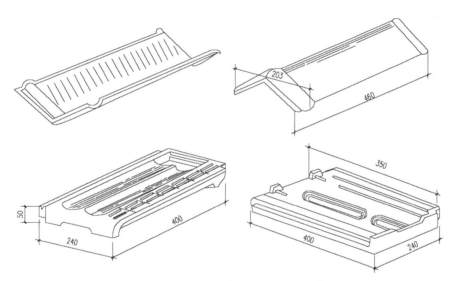

图 3-26 屋脊瓦与平瓦常规尺寸示意图

⑧至屋面基层（根据查勘设计要求，检查修复屋面内隐蔽项目的构件）

⑨检查修复屋面上外墙缺损的砖砌体

⑩调换，拆铺损坏的屋面板并全面检修加钉

⑪修缮加固檐口闷檐条

⑫修缮加固封檐板

⑬修缮加固檐口平顶等

⑭新铺防水卷材

⑮钉顺水条

⑯钉挂瓦条

⑰铺摊平瓦包括异形瓦

⑱新装白铁防水构件

⑲窝做屋脊（饿脊）

⑳修复屋面上外墙粉刷层包括压顶出线

㉑油漆外露木构件

㉒刷屋面上外墙涂料层

㉓整理清扫整个屋面层

㉔报请屋面分部工程竣工验收

注：凡屋面上有老虎窗，撑窗之类的附加屋面附属物，应遵循先上后下，先外后里或同步进行的施工顺序。

3. 翻做屋面的拆除拆卸工序

①拆除、拆卸屋脊、平瓦层。

②施工人员两脚骑跨在屋脊两边，用小榔头轻击屋脊砂浆层，待松散后，用手扳起脊瓦传递给他人妥善堆放好，并随同清理清运已敲碎的砂浆层垃圾，然后将平瓦层从上到下阶梯形拆卸向下传递妥善堆放好。在传递过程中，将一些残次、破损瓦片随同垃圾一起清运掉。

③铲除清理屋面上墙体粉刷层，包括压顶出线及凡水粉刷层，并及时清运垃圾。

④用撬棒、榔头等工具拆除屋面上包括檐口上的各种白铁防水构件并及时清理以免伤人。

⑤用撬棒、榔头、自屋脊开始向下拆除挂瓦条、顺水条、防水卷材，随拆随清理。将可利用的挂瓦条、顺水条起掉钉子后妥善堆放好，以备再利用，随之的垃圾吊运到地面，同时把屋面清扫干净。

4. 翻做修缮平瓦屋面木工分部的施工工艺

1）屋面板

待整个屋面垃圾杂物清扫干净后，对整个屋面的屋面板作一全面检查。凡已腐烂闷酥（特别在屋面檐口一带）、缺损的给予调换、修补、拆钉、增添。在调换、增添、拆钉较大面积屋面板时，其接头缝必须错开（横距500mm最大限距）铺钉，

（挑出檐口的屋面板，其长度必须满足两跨桁条档距的强度要求，屋面板厚度一般在20～25mm）。对修补出檐的屋面板进行修补铺钉时，应长出檐口长度，然后弹出控制直线，钉好闷檐条后再锯齐。除上述步骤外，应对整个屋面板全面检修加钉。

2）闷檐条

闷檐条是用50mm×75mm洋松木条对角斜面对剖，呈三角形的木条，因伏（卧）钉在屋面檐口上，故称为闷檐条。其作用：

①使挑出的屋面形成一个刚性整体，并且使檐口形成一条平直线。

②因闷檐条比挂瓦条厚一倍，故铺摊在檐口的平瓦不会塌头。

③因闷檐条的大斜面伏（卧）钉在檐口屋面板上。在屋面板檐口段形成一个小的凹斜平面，从而使防水卷材在檐口一段形成一个缓冲泄水面。

④是钉置檐口封檐板的基层面。

3）封檐板

封檐板用于封堵出檐屋面板或出檐椽子的顶端截面，是遮挡风雨从檐桁与墙体交接处进入屋面内部的遮盖板，也是建筑物的装饰板，又是安装檐口横水落的依托板。在出山墙的屋面上是封堵出山桁条的顶端截面，遮挡风雨从山墙进入屋面内，是粉刷瓦楞出线的依托板，也是檐口平顶龙骨的安装点。封檐板损坏主要表现在腐烂（闷酥）裂缝、脱落，残缺。对质量较好的封檐板，只要拆钉加固调整好封檐板的高低，形成一条直线（特别是下口线）。

根据损坏程度，采用同截面，同材质替换。

①整体调换，即新换封檐板。

②局部修接调换，修接封檐板的节点。

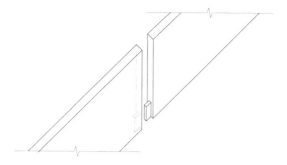

图 3-27 封檐板下端局部榫接示意图

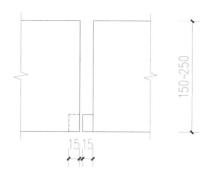

图 3-28 封檐板下端局部榫接立面图

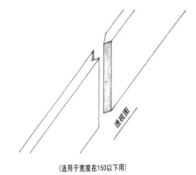

（适用于宽度在150以下用）

图 3-29 封檐板鱼尾开叉直接式示意图

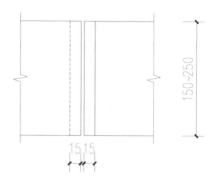

图 3-30 封檐板鱼尾开叉直接式立面图

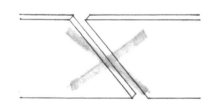

图 3-31 封檐板错误示意图

应在封檐板下口向上 25 ～ 30mm 处做成小榫头状或整个垂直断面做成鱼尾叉节点。不可直接平头接或斜刀板接（图 3-27 ～图 3-31）。

4）防水卷材顺水条

选用的防水卷材,应符合查勘设计要求,必须有检测部门的合格证书方可选用。顺水条宜用 5mm×50mm×（600～1200mm）（杉木板条子）。

防水卷材和顺水条,应该有两个以上施工人员同步操作施工,铺设时,应从屋面檐口向屋脊方向自下向上铺设。

具体操作步骤：

①将防水卷材摆放在屋面檐口并挑出屋面板 30 ～ 50mm 以伸进横水落 1/3 为佳。铺设起始在山墙或竖于屋面上的墙面时（竖向内侧）将卷材向上翻卷起 100mm 贴紧墙面。

②在屋面板上用 25 ～ 30mm 钉子在顺水条中部先钉上一枚钉子,把卷材压钉在屋面板上,使卷材向前推移时,能随时调整卷材挑伸出屋面板的尺寸,最大间距 10m 左右。

③先临时加压一根顺水条,直铺到屋

面尽头，再以400mm间距加密，在钉压屋面檐口第一排卷材时，宜用600mm长的板条子，以便让上排卷材在搭接下排卷材铺设时，留出余地，随之向上可使用1200mm长的顺水条。

④钉顺水条应头尾相接，上下对垂直到屋脊止，防水卷材上下竖向搭接的平缝在75～100mm之间，左右横向搭接的竖缝在100～150mm之间并在竖向搭接缝中增钉顺水条一根。

⑤当卷材铺设到屋脊时，应将两边卷材对翻过屋脊到另一屋面，并不少于300mm，或根据现场情况沿屋脊中间坡向两边屋面铺设一条搭接在两边，下排卷材上各不少于150mm的卷材。

⑥当防水卷材铺设到天斜沟或戗角等位置时，应将卷材对称超越各自的中心线位置不少于300mm。当卷材铺设到落底凡水、畚箕天沟底时，应将靠墙一边卷材竖贴住墙面并向上翻卷起100mm以上。

5）挂瓦条

（1）选　材

挂瓦条应选用变形小、耐腐蚀、材质轻软、含水量少的木材，如杉木或松木之类木材。挂瓦条规格一般为25mm×40mm左右的小方木条。

（2）挂瓦条应钉在顺水条上面

①顺水条能起到架空挂瓦条的作用，万一有水渗入，能通过挂瓦条中间的间隙，使渗入水流淌出屋面。

②顺水条能紧紧压住防水卷材，不使渗入的水顺着钉眼渗进屋面内部。

③在钉挂瓦条前应精准定出瓦片之间的尺寸并丈量屋脊到檐口的总长度。取单片样瓦，量出瓦脚到瓦头实际瓦长尺寸并

测出瓦距之间可塑性的尺寸范围。计算瓦距时，先根据单张瓦的长度，按规范在檐口两端确定向上第一排挂瓦条的基准点，再从屋脊两端定屋面最上一排挂瓦条的基准点，并丈量出上下两个基准点距离尺寸后，再根据瓦距之间的可塑尺寸均分出瓦距尺寸。由檐口控制点向上逐个划出各排挂瓦条的控制线直至屋脊。当单面屋面的瓦片排数超过12排时，位于屋脊处最上一排的瓦片不允许出现半张瓦片，应在瓦片可伸缩尺寸范围内控制与调整。挂瓦条上口平面与控制直线齐平，在钉屋脊处最上一排挂瓦条时，为防止最后一张瓦在屋脊处翘头，可在原有挂瓦条上再重叠加钉一根。

④在屋面起伏不大的情况下，可在屋面低洼处的挂瓦条下面用增厚顺水条进行微调，使屋面更平整。

当屋面上有天斜沟、落底凡水等白铁防水构件时，应在其翻口边缘处增钉一根通长的小方木条（尺寸、规格同挂瓦条），使白铁构件有固定点，并且能使配制的特种瓦不塌头。

6）檐口平顶

檐口平顶通常有三种类型：

①屋面长墙统长形檐口平顶；

②前天井前楼厢房夹角檐口平顶；

③出山墙人字形檐口平顶。

檐口平顶是遮盖屋面檐口封檐板与墙体间的平顶。一般宽度在300～400mm。檐口平顶龙骨采用30mm×50mm通长方木条，一根固定在墙体上，一根钉在封檐板内侧下口，用30mm×50mm方木条@450mm，两根木条下口面要齐平。木条之间均匀分布木撑筋。然后再用板条子

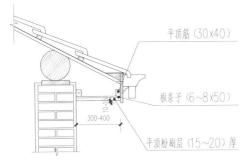

图 3-32　檐口平顶剖立面

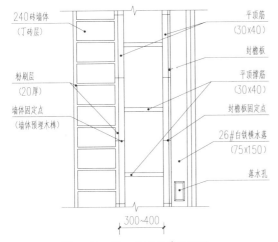

图 3-33　檐口平顶龙骨平面图

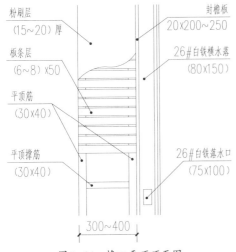

图 3-34　檐口平顶顶面图

钉在上面，板条完成面应高于封檐板下口 25～30mm，当泥工完成砂浆粉刷层后，封檐板下口低于檐口平顶底面 10～15mm，形成滴水线（图 3-32～图 3-34）。

（4）檐口平顶修缮，根据损坏情况采取：

①拆除新做；

②局部拆做，添换新龙骨，修补板条子，平顶粉刷；

③单修补面层板条子，平顶粉刷。

5．翻做屋面平瓦层、斜沟瓦、戗角（脊）施工工艺

1）翻做平瓦层

把先前拆卸下来的平瓦用竹丝小扫帚将瓦片上的尘土垃圾等杂物清扫干净，特别是瓦片上的小出水槽一定要清扫干净，保证其流水畅通，同时在清扫过程中剔除一些风化、裂缝、缺角翘裂、残次的瓦片。

铺盖瓦片时，空开第一排檐头瓦（为了便于木工、白铁工、油漆工等同步或交替施工），从第二排开始从右向左，由下朝上，三个排次一铺呈阶梯形向上推进铺盖到屋脊。铺盖时，瓦槽落榫瓦脚挂牢，并随时作微控调整，以使铺盖瓦头整齐，瓦片平整不翘裂。

铺盖屋脊处最后一排瓦，不能使其翘头，如有翘头现象，应增高最后一排挂瓦条解决。铺设檐口一排瓦时，不能有塌头现象。否则，用加厚闷檐条增厚，使瓦头抬起平整。屋脊向下三排瓦，戗角左右的三皮瓦片，属境止瓦。铺设时，应挑选质量好，无瑕疵的瓦片铺盖（一旦损坏很难调换）。

当屋面坡度超过 30° 时，需用双股 18# 铜丝穿过瓦底部孔洞，挂扎在上排挂瓦条上，以防滑落。平瓦层铺盖好后，瓦片应落榫无翘裂，瓦头平直，瓦楞垂直，整个屋面平整和顺无大的起伏状。

2）配盖异型瓦

①斜沟瓦　当屋面两股水流相交时，所形成人字形夹角的一条流水沟叫斜沟。在斜沟两面摆放的瓦叫斜沟瓦。摆放斜沟瓦可利用一些缺角次瓦。斜沟瓦斜边应伸进斜沟内不少于 50mm，操作时可将瓦片从上到下，先摆放在斜沟两边，定出满足伸进斜沟不少于 50mm 点后，弹出平行于斜沟边的直线，然后逐一切割，铺成两条斜直线。

②落底凡水旁摆放的瓦与斜沟瓦操作相同，只是一条垂直线。

③戗角瓦　戗角是四落水屋面在转角上形成斜直线相交的阳角，所摆放的瓦叫戗角瓦。操作时，先在一面把瓦摆好，经戗角中心位置上下拉出斜直线，经切割配置后铺设好。再用同样方式铺设另一面，戗角瓦与斜沟瓦相反，一个是阳角一个是阴角。

④摆放山墙旁的收头瓦片；当屋面瓦片铺到山墙尽头时，应按所留的面积大小，将瓦片竖直方向切割成半张或大半张摆放落榫。

6. 翻做屋面新窝屋脊、戗脊

1）窝平瓦屋面屋脊

操作顺序：

（1）在窝屋脊前，应当完成屋面瓦片（包括屋脊境止瓦）的全部铺盖，还要完成斜沟、天沟、踏步凡水、落底凡水等白铁防水构件的安装。涉及周边施工内容的项目要全部完成。

（2）用麻线从屋脊两头拉出中心控制直线，测出屋脊高度平均值，在屋脊两端先各窝脊瓦一张。屋脊高度在 40～80mm。

（3）按照窝好的屋脊两端脊瓦上标高基准面，拉出水平方向的中心控制线。

（4）沿中心控制线在屋脊平瓦上铺砂浆（砂浆不宜含水泥量过多，以黄沙、石灰为最佳）。根据控制线窝脊瓦，随时调整标高及水平方向，成一条直线。窝的脊瓦，应该盖住屋脊两边平瓦至少各 50mm。在窝屋脊过程中，随时要将溢出砂浆刮干净。当屋脊窝到头时，即对窝置砂浆层两边刮糙并刮出造型来，完成后的屋脊粉刷面层上口应收进脊瓦内 5mm，下口应收进 15～20mm 成勾脚形，不允许向外成抛脚形，隔天再用 1：3 水泥砂浆粉光增强脊瓦防水。脊瓦搭接缝应嵌密实并且不能遗漏屋脊小耳朵的嵌密实。脊瓦搭接应顺应当地主导风向，大头应背对主导风向铺设。

2）窝戗角脊瓦

窝戗角脊瓦的施工顺序与窝做屋脊基本相同。屋脊是水平向，戗角是斜直向，只是在拉控制线时，从阳角中心由上向下拉出控制斜直线。窝的脊瓦应大头朝下，两条戗角脊与屋脊三线的交点处，应做高于脊瓦面的馒头状，然后再用 1：3 水泥砂浆粉光（图 3-35）。

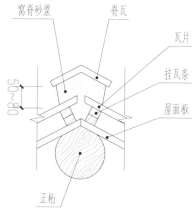

图 3-35　屋脊（戗脊）构造示意图

7．翻做平瓦冷摊瓦屋面施工工艺

翻做平瓦冷摊瓦屋面的施工流程、施工工艺基本与有屋面板的平瓦屋面相同，所不同的是冷摊瓦屋面是用椽子木条替代屋面板。椽子用材有两种形状的截面及两种材质。

①用 50mm×75mm 的洋松方木条。

②用 φ63～80mm 杉木对剖成半圆木条。铺钉时，木条平面朝上，椽子横向间隔距 @400mm，出檐椽子长度应跨两根桁条档。椽子接头要在桁条上，椽子接头缝应平向45°斜平面。当下面一根椽子上端钉在桁条上时，其上端是向上的45°斜平面，上面一根椽子在与下面椽子对接时其下端是朝下的45°斜平面。由上向下，叠接钉在桁条上，椽子钉在桁条上，必须与檐口垂直，上平面及左右必须平直。冷摊瓦屋面是挂瓦条直接钉在椽子木条上，无需铺摊防水卷材。当屋面上出现白铁防水构件（如天斜沟、畚箕天沟、落底凡水等）

时，应该在其白铁构件底部，增钉略大于构件底部面积的木底板。

8．新做翻做老虎窗，撑窗施工工艺

1）新做、翻做老虎窗、撑窗的区别：

（1）新做是原屋面上没有，而在屋面上新做的老虎窗、撑窗。

（2）翻做是在原有位置上，置换旧的老虎窗、撑窗。

2）老虎窗外形有两种，以屋面落水区分为人字形两落水屋面的老虎窗与单向后落水屋面的老虎窗。现均以双扇窗为例：

（1）人字形两落水屋面老虎窗（图3-36、图3-37）

预先在工场间用洋松材料50mm×100mm 方木做樘子，50mm×75mm 方木做窗扇，制作好老虎窗樘子及双扇窗。樘子上冒头应伸出樘子两根边梃各150mm，两根樘子下脚应伸出樘子下槛200mm 成开字形（新做樘子窗扇另详），校正樘子成

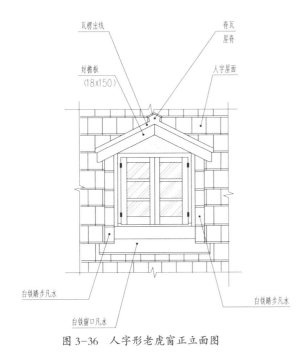

图 3-36 人字形老虎窗正立面图

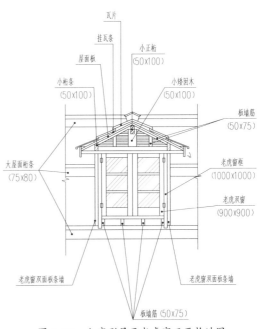

图 3-37 人字形屋面老虎窗正面构造图

直角方形。

①上屋面翻做老虎窗，需要两人配合操作拆除原老虎窗所有构件，清除垃圾，留出洞口。

②在老虎窗所在位置上，竖立老虎窗樘子，用线垂摆正樘子，确保樘子上冒头成水平状。用衬垫法在樘子下脚画出与桁条吻合的缺口线（确保樘子下槛底面与桁条上表面接合处不少于125mm）。按线锯出切口面后，立樘子与桁条上。

③做老虎窗人字屋面构架，在樘子上冒头上部加钉一根50mm×75mm加强木，既减轻上冒压力又是板墙的底筋。在加钉方木前，可先在中间凿出装小矮囝的眼子，用流水计算法（见木屋架计算方法）定出人字屋面小矮囝的长度，小矮囝用50mm×100mm方木下端锯出榫头嵌入樘子上冒加强筋的方木眼子内，在小矮囝上端平面中央锯出宽50mm、深70mm

的凹槽（放置人字小屋面正桁用）。用50mm×100mm方木三根做老虎窗人字屋面的桁条，第一根一端先放进小矮囝中央的凹槽内，另一端伸向大屋面的屋面板，经锯切后与大屋面的斜势吻合，然后校正正桁水平度。正桁斜势部位与大屋面钉牢。如钉的部位是单层屋面板，则在其下方增钉一根50mm×75mm长度不超过屋面宽度的方木。方木固定后，再将另一头与小矮囝固定，在伸出樘子面300mm处垂直锯断，另外两根檐桁分别在各自两面樘子框的外平面，向外5mm处用正桁同样的方式与屋面、樘子钉牢伸出樘子的部分与正桁锯齐。在形成构架整体后，拆除临时固定支撑（图3-38）。

④用50mm×75mm方木撑做老虎窗两侧面，形成双面板条墙龙骨。先在大屋面的屋面板上通长横钉一根与上面小檐桁垂直平行的50mm×75mm方木，然后

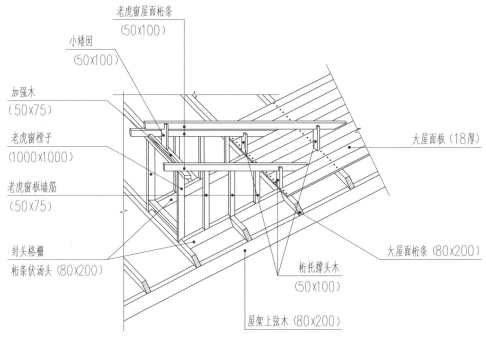

图 3-38 人字形老虎窗木构架示意图

以 @400mm 开档撑立板墙筋。先钉老虎窗内墙面板条，再在樘子框外面各贴钉一条与板墙筋同宽度的方木，接着再钉外立面板条。樘子上冒三角形单面板墙筋（50mm×75mm），然后再钉板条，最后再做人字屋面（图 3-39～图 3-41）。

⑤板条墙钉好后，铺钉小人字屋面板，然后与翻做屋面一样的施工顺序：

钉闷檐条

檐口屋面板锯齐

钉封檐板

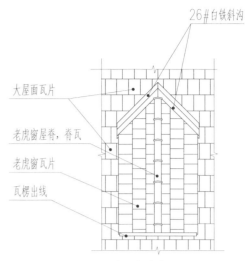

图 3-39　人字形老虎窗平面图

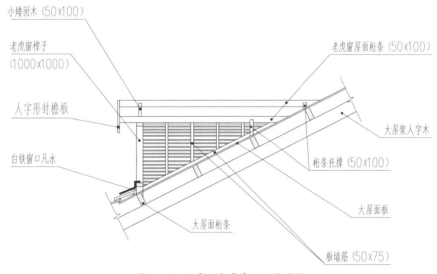

图 3-40　人字形老虎窗剖面构造图

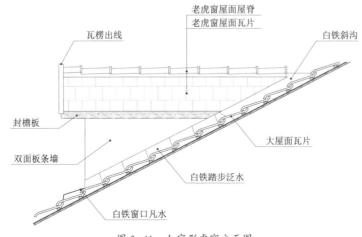

图 3-41　人字形虎窗立面图

铺防水卷材

钉顺水条

钉挂瓦条

安装两边与大屋面交界处的两条白铁构件

安装两边檐口的横水落

铺盖瓦片

做屋脊

粉刷人字形瓦楞出线

安装老虎窗窗口凡水

安装老虎窗板墙两边与大屋面瓦片接触的白铁踏步凡水

粉刷老虎窗两边的板墙砂浆层

粉刷老虎窗内的砂浆层包括平顶面

老虎窗配玻璃

油漆老虎窗包括樘子

油漆白铁防水构件

清扫完工

3）单向后落水老虎窗

预先在工场间用洋松材质50mm×100mm做樘子，50mm×75mm做窗扇，制作好老虎窗樘子与窗扇，樘子的上冒应向樘子两竖梃外边各伸出150mm，两个梃的两下脚头应伸出樘子下槛200mm，呈开字形（新做樘子，窗扇另详），校正樘子对角线呈直角形，用八字搭固定牢后将新做窗扇安装在樘子里待用（图3-42、图3-43）。

（1）上屋面翻做，新开老虎窗需要两人配合操作。

（2）翻做拆除原老虎窗所有构件，清除垃圾，留出洞口。

（3）新开老虎窗在确定位置上拆卸瓦片、挂瓦条等物件，在屋面板上开出相应洞口。

（4）在老虎窗所在位置桁条上，竖立老虎窗樘并用线垂吊垂直，确保老虎窗樘子上冒成水平状后，画出两樘子脚下端与桁条吻合的缺口线，底面与桁条上平面在

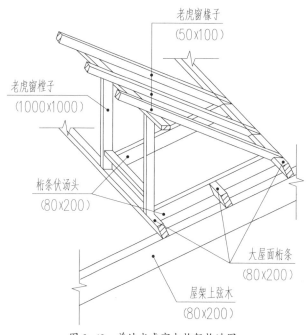

图3-42 单坡老虎窗木构架构造图

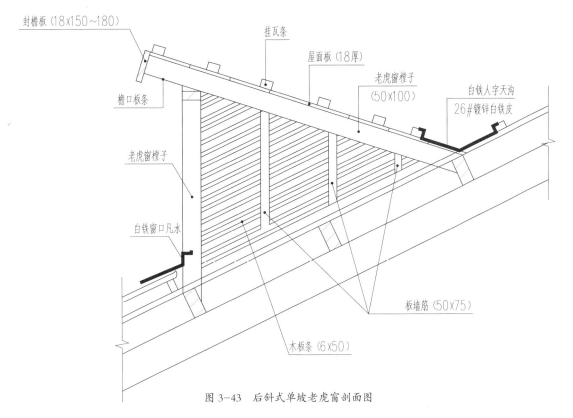

图3-43 后斜式单坡老虎窗剖面图

封檐板（18×150～180）
挂瓦条
屋面板（18厚）
老虎窗樘子（50×100）
白铁人字天沟 26#镀锌白铁皮
檐口板条
老虎窗樘子
白铁窗口凡水
板墙筋（50×75）
木板条（6×50）

125mm 范围内锯出吻合桁条缺口，然后复立于桁条面，经复测微调校正樘子正、侧两面垂直度及樘子上冒水平度后，用钉子将樘子固定牢，再用搭头木临时固定老虎窗樘子。

（5）做老虎窗单坡顶前高后落水屋面，用 50mm×100mm 三根洋松方木作屋面椽子用料。先用一根椽子方木，一头搁架在樘子上冒距樘子边梃外平面向外 5～8mm 画出定位线，另一头伸向樘子位置上方的桁条上头子与桁条齐平后，用钉子钉牢，然后用线垂吊准樘子前后的垂直度，画出定位线，用钉子固定牢。用同样方法，固定冒头另一边的椽子方木，再在樘子上冒中央钉牢第三根方木椽子。平樘子外平面向外挑出 300mm 以垂直方木 90°角锯平锯直挑出多余的椽子头，使其成一条直线。

（6）撑做老虎窗两旁的双面板条墙及

老虎窗平顶（参照人字形屋面老虎窗双面板墙的做法）。

（7）在老虎窗屋面三根椽子的构架上铺钉屋面板，由上到下，向下铺钉接到大屋面板。屋面板两边各伸出墙面 300mm 定位。和大屋面板接点处，老虎窗屋面板应向上收进 200mm，与椽子外边平（便于老虎窗人字天沟与板墙上的踏步凡水接通），用（20～25mm）×150mm 的洋松板制作三面封檐板（一正面、两侧面）。在铺钉两侧面封檐板时，应在其下口约 300mm 长处，锯出与大屋面同坡度的斜角边，再撑板墙筋然后钉板条（图3-44～图3-47）。

（8）接下来参照平瓦屋面的操作施工工艺

铺摊防水卷材

钉顺水条

钉挂瓦条

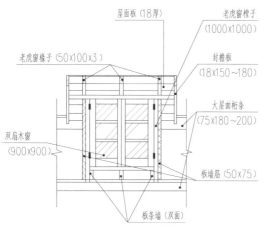

图 3-44　单坡双扇老虎窗正面构造图

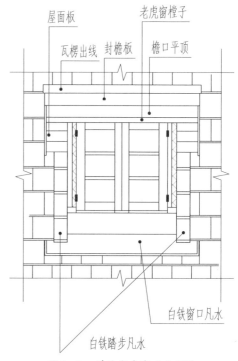

图 3-47　单坡老虎窗正立面图

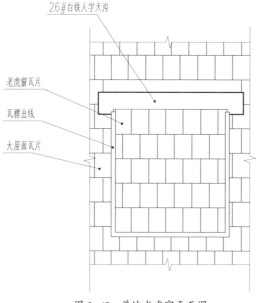

图 3-45　单坡老虎窗平面图

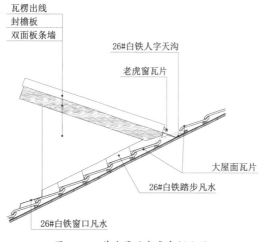

图 3-46　单坡屋面老虎窗侧立面

安放白铁人字天沟

铺盖平瓦

砂浆粉刷三面瓦楞出线

安装白铁窗口凡水

安装板墙外面两边的踏步凡水

1∶1∶4砂浆粉刷双面板条墙、平顶及檐口平顶

窗扇配玻璃

窗樘、窗扇油漆

白铁防水构件油漆

清扫完工

4）撑　窗

撑窗一般设置在阁楼所在位置屋面上。人站立在阁楼楼面上，无需辅助工具，就能直接用撑棒推、收自如地开关窗扇。在阁楼窄小空间范围内，能起到通风采光作用（图3-48～图3-50）。

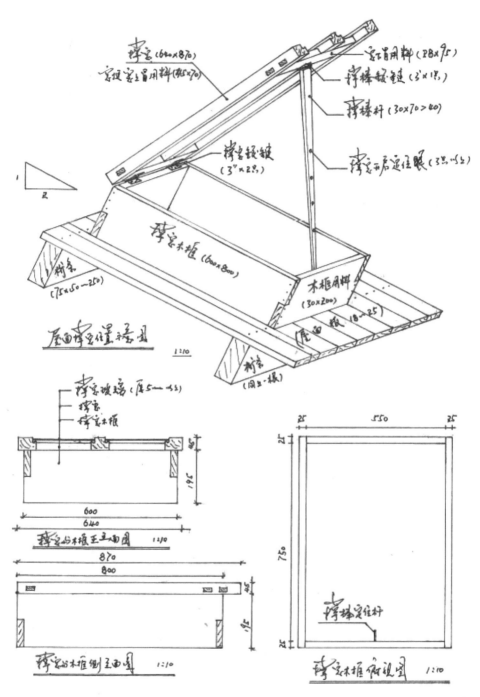

图 3-48　撑窗结构图（1）

105

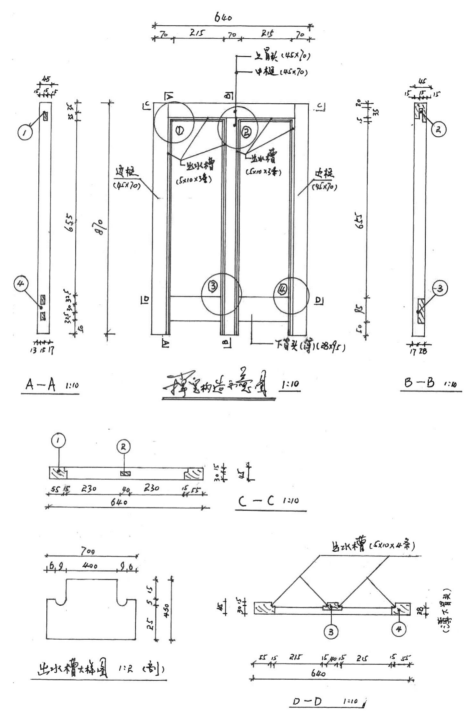

图 3-49 撑窗结构图（2）

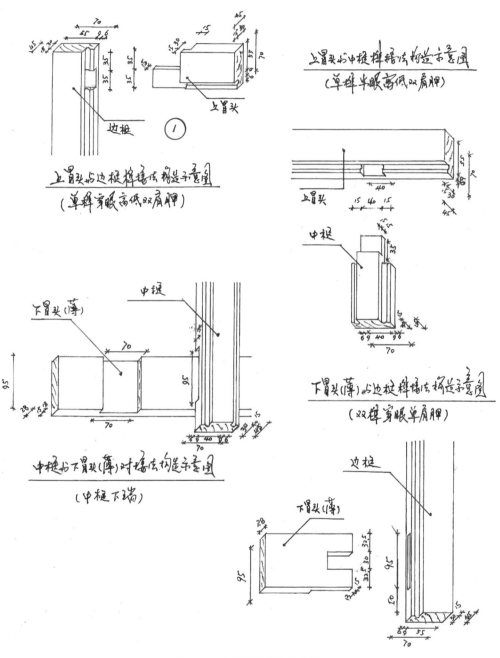

图 3-50　新做撑窗节点构造图

制作安装撑窗的施工工艺如下：

（1）撑窗由撑窗底座木框架、撑窗窗扇及撑棒组成。

（2）撑窗底座木框架用30mm×200mm洋松板材，一般撑窗底座木框外包尺寸450mm×600mm～600mm×800mm，撑窗底座木框架成长方箱状，箱角接合处采用平直交叉卯榫接法。

（3）窗扇用50mm×75mm洋松方木做两边窗梃，包括中梃、上冒头、下冒头（也称薄冒头），用30mm×150mm洋松板材制作；撑棒用30mm×100mm洋松板材做。

制作过程：

两根边梃上端与窗上冒头外平。下端伸出窗下冒头100mm，分别按上冒头、下冒头的宽度，在两根边梃的上下端，凿出相应的眼子（方孔）来。有中梃的在窗上冒头中央凿出一个眼子，下冒头锯出与中梃等宽的对接凹槽。上、下冒头各按榫眼宽度锯出榫头中梃上端，并锯出与上冒头中央眼子尺寸相同的榫头，下端与下冒头垂直相交处锯出与下冒头等宽的凹槽，然后垂直相交。相接两根边梃上冒头内侧平面上及中梃两侧面的平面上，各在玻璃槽下的内侧面上刨出10mm宽、深6mm左右半圆形出水槽后，按榫卯结构拼装成窗扇。

（4）校正加固做好的窗扇，其宽度应宽出撑窗底座木框架两外边各10～15mm，长度与上冒头及框架外边平。下端以下冒头外平面为准，伸出底座木框架外平面15～20mm。撑棒应做成大小头，大头30×100mm装铰链，小的一头做成30mm×50mm撑棒供握手用。撑棒中间钻多个调节的定位孔，撑棒一般长600～800mm。撑窗底座框架在前端内侧

中央设有定位钩，窗扇与底座框用75mm长铰链安装，安装时窗扇上冒外平面与底座框外平面平并等分窗扇宽度，向底座推两边各抛出10～15mm，下冒外平面抛出底座推外平面15～20mm。

（5）上屋面安装一个人就可操作。拆除原撑窗所有构件，在原位置上固定牢；新安装的则在屋面上确定位置开洞后，固定在屋面板或椽子上，待铺盖好后撑窗周边瓦片，安装相关白铁防水（参照有关白铁防水构件施工工艺的篇章）。

安装顺序（撑窗底座木框架，从下向上）：

木框下，窗口凡水

木框两旁，踏步凡水

木框上，畚箕天沟、窗扇配玻璃嵌油灰、窗扇油漆

配盖两边窗梃及中梃的盖水条

上冒头盖水条

窗扇两边及下口都要伸出底座框架外平面，另有盖水条，既能起到有效的滴水线作用，又不使雨水渗漏进室内。

9. 平瓦屋面新做翻做各类白铁防水构件的施工工艺

1）准备工作

将制作各类白铁防水构件的原材料（整张白铁皮），预先在正反两面涂刷防锈漆（俗称抄红丹）。在配合翻做屋面的过程中，随时上屋面，在需要设置白铁防水构件的位置上，丈量出其要更换或新做防水构件的尺寸、大小、形状、造型等。回工场先行加工制作各类白铁防水构件，以备上屋面安装。

天沟、斜沟等在屋面上的位置及防水

构件的制作安装工艺（图 3-51、图 3-52）。

（1）人字天沟

其形成于两屋面檐口，在处于同一水平状平行相交或重叠交接在平行线上形成朝上的一条搭接沟，其截面像一个倒写的"人"字，故称为人字天沟，包括单向后落水的老虎窗屋面与大屋面相交形成的一条天沟。天沟展开角度一般大于 90°，也应该由相交屋面坡度来定。白铁天沟横截面尺寸大小视屋面在此天沟的聚流水量决定。一般分为 18 英寸（450mm）、24 英寸（600mm）两种。在预制天沟构件时，其"人"字的两边缘应制作成 Z 形翻边口，人字底角应平直（图 3-53）。

人字天沟具有汇聚雨水、分流雨水，引流雨水的功能。人字天沟引落水分单向、双向或多个落水点，主要看人字天沟的泄水量及长度来决定。人字天沟落水的流水方向，靠天沟底板垫衬借出凡水坡度，控制水的流向，如单向落水，只要垫高一头，如双向落水，则中间垫高就行了。一般凡水坡度在 1/100 ～ 1/150。在人字天沟构件安装前，先在安装位置根据落水流向，按要求衬垫好人字天沟底板的凡水，然后安置天沟构件并坐实，沿着天沟构件的两条 Z 形，先用 25mm×40mm 的木条钉成直线后，再将天沟构件两条翻边固定在木条上。天沟构件之间的搭接应顺流水向，长度必须 > 40mm 以上，搭接焊缝采用烙铁焊，将熔锡流入接头缝内两端，焊锡焊牢。完成后的天沟必须平整服帖不松动，雨水沿着凡水方向顺畅流动不倒流、不积水（袋水）（图 3-54）。

（2）斜　沟

斜沟一般位于石库门房屋前天井厢房

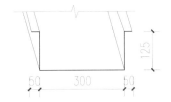

图 3-51　白铁矩形天沟构件示意图

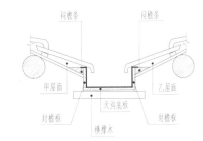

图 3-52　矩形天沟位置示意图

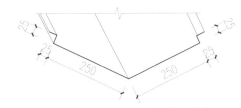

图 3-53　白铁人字天沟构件示意图

图 3-54　人字天沟（斜沟）位置示意图

屋面与前楼屋面垂直相交屋面的阴角处。由两个屋面的流水坡面垂直相交聚合成阴角的一条斜向流水槽，称为斜沟；用白铁皮制作的引流水构件，称为白铁斜沟，构件横截面其形状如同倒写的人字（与人字天沟截面基本相同，制作过程也相同）。根据屋面大小及排水量的不同，构件截面分为 18 英寸（450mm）、24 英寸（600mm）两种，安装时顺着两边的斜坡，将构件阳角对着斜坡阴角的直线摆正，直到两个平面摆平整。在屋脊部位将顶部阳角顺直线剪开，把白铁皮翻盖过屋脊 40～50mm，将其窝进屋脊内。因斜沟下端是直角形檐口，所以斜沟最下端直角形缺口与檐口直角形相符合，并伸出檐口 30～40mm 向下翻出斜边进入檐口的横落水内。斜沟的白铁构件下无需衬垫底板，上下应顺流水搭接，安装可参照人字天沟的操作法。

（3）畚箕天沟

屋面檐口与屋面山墙相交或与出屋面烟囱相交，形成夹角＜90°，用白铁皮做成的一条防水沟，其横截面又如同畚箕侧立面，所以称为畚箕天沟（图 3-55、图 3-56）。

在预制畚箕天沟构件前，应先上屋面初步了解天沟位置构件所能承受的汇水、分流水状况，丈量出天沟底部宽度尺寸（必须满足第一排瓦片进入天沟 40～60mm），一般畚箕天沟底宽在 10～12 英寸（250～300mm），侧高 6 英寸（150mm）左右，视天沟聚流水量及长度可适当调节

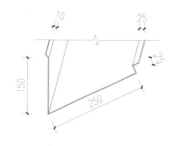

图 3-55　靠墙畚箕天沟构件示意图

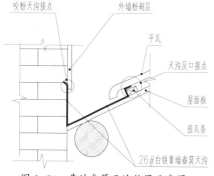

图 3-56　靠墙畚箕天沟位置示意图

底宽与侧宽。制作时天沟底部外侧口应做成 Z 形翻口（与人字天沟做法相同），侧高面的上口，应有 10mm 宽向外折的小翻口（在贴墙装时外墙粉刷层能罩盖住构件竖向面的上口，避免雨水渗漏进墙体内）。畚箕天沟，安装前靠墙一面应有砂浆刮糙层，屋面防水层应铺设到墙面并向上翻起 100mm 宽。在墙面上又根据畚箕天沟在屋面上位置及构件聚流水及落水点口状况，可分为单向落水、双向落水及多口子落水。制作构件时，也可根据落水走向，预先用白铁皮封堵，畚箕天沟横截面一头或两头预先在其落水点焊做好白铁落水头子。

安装构件时，可按流水方向，先用天沟木底板按 1/150～1/100 凡水坡衬垫出落水方向的坡度，将构件底部与侧立面紧贴屋面与墙面作调整后，使其处于平整平直状态，然后先将构件底板固定在屋面上（参照人字天沟安装部分），再将侧立面按规定固定在墙面上，构件搭接缝应按照落水方向顺接焊（参照人字天沟安装部分）。如遇畚箕天沟在屋面上无落水点的情况下，可在其顶端墙面上开凿墙洞，将天沟延伸穿出外墙面做出落水头子，再套接落水管，将畚箕天沟内水引流出内屋面。

（4）靠墙凡水

靠墙凡水是檐口朝外单向落水的半个屋面，其后屋面最高处平行、紧贴于临近墙面上的缝隙，用白铁皮制作成坡小板状，对其缝隙作防水处理的构件（图 3-57、图 3-58）。

靠墙凡水一般用白铁皮制作成坡形状。构件横截面成 L 形，靠墙竖立部高 4～6 英寸（100～150mm）；遮盖瓦片斜平面宽 6～8 英寸（150～200mm）。在半张瓦片

图 3-57 靠墙凡水示意图

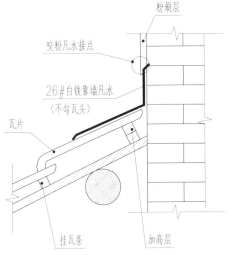

图 3-58 靠墙凡水位置示意图

情况下，宽度以钩住瓦头为准，构件竖向上口有 10mm 宽向外的小翻边；底平面外口有向下 20mm、大于 90° 的反口折边（图 3-59、图 3-60）。

安装时，靠墙竖向边的固定，参照畚箕天沟部分有关操作。构件底平面贴近瓦片面层，将前端反斜竖于瓦片面表层，如遇半张瓦片的，须将斜翻边勾住瓦头。

靠墙凡水是水平向白铁防水构件，如遇较长靠墙凡水情况时，应在需要装凡水的区域，从两端开始向中间方向安装。最后一构件，应从外面覆盖两边靠拢构件边上搭接，并采用烙铁焊（参照人字天沟有关章节）。

（5）靠墙落底凡水

当坡屋面的屋脊线与山墙夹角 <90°时（图 3-61、图 3-62），屋面与山墙相交于一条自屋脊至檐口的内向斜直线，致使每排紧靠山墙瓦片上宽下窄瓦的斜边造成

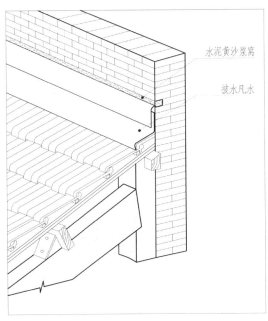

图 3-59 靠墙凡水构造示意图

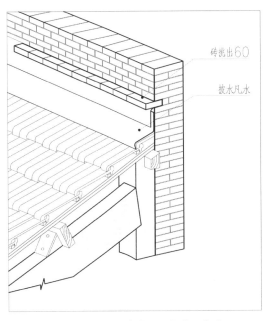

图 3-60 砖挑靠墙凡水构造示意图

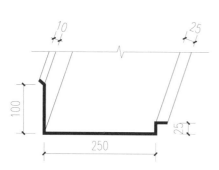

图 3-61 靠墙落底凡水构件示意图

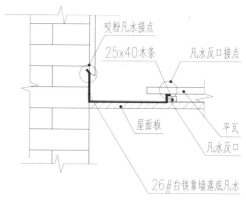

图 3-62 靠墙落底凡水位置示意图

瓦片逆向接水不能顺畅排出屋面。为防雨水渗漏进屋面内，故在山墙面与瓦片之间留出一条宽 6～8 英寸（150～200mm）排水沟。从屋脊到檐口，用白铁皮制作成类似畚箕天沟形状的带状防水构件，称靠墙落底凡水。安装落底凡水时，靠屋脊上端应将白铁皮翻转过屋脊 40mm，将构件上端头子窝进屋脊内。

落底凡水下脚头应伸出檐口 30～50mm 并向下反口进入横水落内。靠墙落底凡水在安装时，在墙面上、屋面上的部位都必须平整、平直、上下顺接，侧立面固定，底平面固定，搭接缝焊锡均参照畚箕天沟、斜沟施工操作法。

（6）靠墙踏步凡水

靠墙踏步凡水是屋面与山墙交接处的瓦片防水构造，是用白铁皮制成的防水构件。踏步凡水顺着墙体与瓦片交接缝，自第一排瓦片开始逐一向上到屋脊为止，形成一个上下叠接，串联成阶梯踏步式的防水构造，称为靠墙踏步凡水。其位置与落底凡水位置基本相同。还存在于老虎窗墙两侧及屋面烟囱两侧等。其与落底凡水的区别是用靠墙踏步凡水作防水构件时，必须满足瓦头平直线与墙体垂直相交（反之只能用落底凡水作防水构件）（图 3-63～图 3-65）。

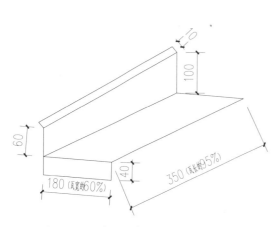

图 3-63 踏步凡水单体构件示意图

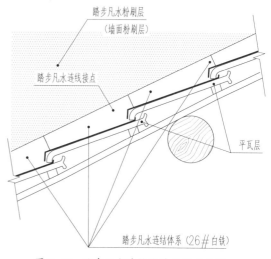

图 3-64 踏步凡水连接体系位置示意图

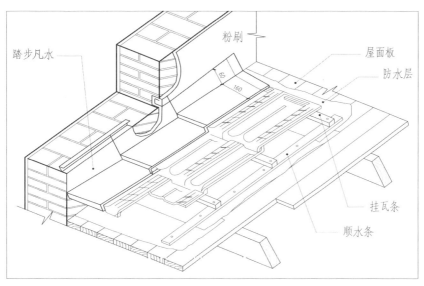

图 3-65 踏步凡水（带翻边）示意图

踏步凡水单体构件宽度是瓦片的 2/3，长度超过瓦尾 30～40mm，瓦头前有条宽 40mm 向下＜90°的折边勾住瓦头，构件靠墙边，有一条向上翻起 90°的折边。折边前上口高 60mm，后上口高 100mm 斜状大小头的翻边。

安装时，自第一排瓦片开始，第一张白铁皮前檐下端 40mm 的翻边勾住瓦头，向上推足构件向上竖起的斜反边，贴紧墙面。先将下端固定在墙面上，然后用同样方法安装第二张构件。第二张构件上翻边下端叠放在第一张构件上翻边后端 40mm，用同一枚钉子将搭接的两张踏步凡水白铁皮固定在墙上。以此类推，安装到屋脊时，应将构件后端至少伸进屋脊 40mm。

安装老虎窗板墙踏步凡水时，应与窗口凡水搭接（窗口凡水在踏步凡水上面）。

踏步凡水还可用在出山墙屋面人字封檐板与瓦片的交接处，替代砂浆粉刷瓦楞出线，称为出线匍匐踏步凡水。白铁皮向下折边，包住山墙封檐板。

（7）窗口凡水

窗口凡水是用于屋面上的老虎窗、气楼窗的樘子下端与屋面瓦片交接部位的防水构件。窗口凡水的制作、安装，俗称包窗口凡水。对要包的窗口凡水先量出樘子内净尺寸与外包尺寸，在白铁皮原材上画出构造展开图，精准裁剪折边，敲出造型。在包樘子里时，窗口凡水上口应翻盖到窗樘下冒头铲口条顶面上（不能只包到下冒头铲口侧面）。在包到樘子脚头外立面时应在樘子脚头外立面用锯子从下斜向上锯出缝口，使白铁构件一端能斜嵌进樘子脚内不少于 5mm。

窗口凡水在窗樘两顶端，应做出像小畚箕夹角的窗口凡水。下端与瓦片交接处，应与屋面平行折边，其宽度盖过瓦片不少于 150mm 或勾牢瓦头（30°以上坡度屋面一定要勾牢瓦头）。窗口凡水两端应各伸进两边板墙 150mm 以上，并且与两边屋面上的踏步凡水相接平和。窗口凡水包角，开口处必须用焊锡焊接。

（8）檐口凡水

在特殊情况下，有部分屋面檐口第一排瓦片不能正常进入檐口横水落内或在第一排上产生半张瓦片的情况，只能用白铁皮包裹这局部檐口的地方来替代瓦片防排水功能，这种白铁防水构件叫檐口凡水。施工过程，俗称包檐口凡水（图3-66、图3-67）。

施工前，先上屋面丈量该部位尺寸。构件加工时，上端如同斜沟两旁翻边或Z形向上翻边，下端有一条40mm宽，大于90°向下折边。如果有在靠山墙一边的，还需将构件侧面向上翻起宽100mm折边。安装时，拆除该区域内檐口闷檐条，将构件底平面贴在防水卷材上，向上推，使上端Z形翻边紧靠上排挂瓦条并将其固定牢，下端应伸出檐口30～50mm，使其折边进入横

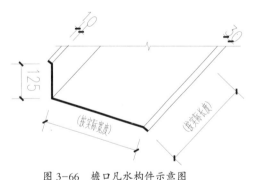

图3-66 檐口凡水构件示意图

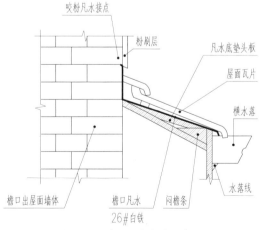

图3-67 檐口凡水构造示意图

水落内。如与山墙交接，则竖向翻边紧贴山墙面，具体操作参照踏步凡水施工工艺。

10. 白铁防水构件的组合应用

1）撑窗白铁防水构件的组合应用

撑窗防水部位分撑窗底座、撑窗窗扇两部分，按撑窗在屋面上的实际位置，选用适合的白铁防水构件。

撑窗底座框上方，形似沟状部位可用畚箕天沟，底座框两侧的斜平面，根据情况可用踏步凡水或落底凡水，底座框下部，则采用类似窗口凡水形式的防水构件。凡在撑窗底座框四周包裹的白铁防水构件，其上口必须有20mm宽直角折边包在底座框四周（不容许直开口向上）。底座框四周白铁防水构件搭接都应采取顺水搭接法。

撑窗窗扇白铁防水构件位于窗梃两边和上冒头（应比窗梃宽10mm，内侧放出40mm）。L形直角折边的白铁防水构件叫盖水条。窗扇中挺的盖水条，应向窗框宽度内外各放出10mm并做成八字形，面向玻璃一面还需有10mm宽，大于90°的斜向小翻边，以防盖水条翻口向上翻翘。

安装盖水条时，先装三根窗梃，再装上冒头盖水条并覆盖于窗梃盖水条的上端。盖水条侧下边必须覆盖过底座框防水构件上口边40mm，用钉子固定于窗扇上，钉尾暴露面应用油膏或焊锡封闭。

2）烟囱周边白铁防水构件的组合应用

预制防水构件及现场安装防水构件，可根据防水构件在屋面上的实际情况，套用畚箕天沟、踏步凡水、落底凡水、窗口凡水、檐口凡水等做法加以组合施工（图3-68）。

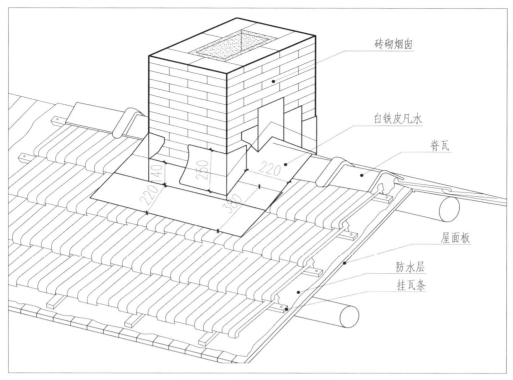

图 3-68　砖砌烟囱凡水示意图

11. 出屋面各类设备管防水构件

例如伸出屋面的坑管，在预制防水构件前，先了解坑管在屋面上的位置、丈量坑管直径。一般排水构件以白铁材料制作，采用上下搭接顺排水，分两个半块制作，在中心线位置按管径大小形成半圆形凹口，并上翻20mm，放出搭接余量（图3-69）。

防水构件上半块上端应有20mm向上的折翻边，下端有条40mm向下折翻边。防水构件宽度以坑管为中心线向两边展开至各自能盖住瓦片2/3宽位置。安装时，下半张下端勾住瓦头上端开口处，插进坑管底平面，贴紧瓦的上半张。上端伸进上排瓦底内50～80mm，下端开口处插进坑管底平面，紧贴瓦片顺搭接在下半张搭接处，并焊牢坑管与构件圆弧缝隙，用石棉漆或结构膏等防水材料封堵嵌密实（图3-70）。

1）横水落（方形）等

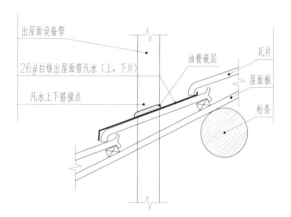

图 3-69　出屋面设备管道包凡水构造示意图

屋面檐口横水落是聚集、分流、排水的构件，其截面如同半截面的漏斗，外侧是倾斜面，内侧是垂直面，与封檐板可紧贴，上口宽125～150mm，下底宽100～125mm，前侧面高125mm（也可做成阶梯形曲折状），后背高100mm（图3-71）。

安装时，应按1/200～1/150泛水坡顺接，搭接宽度应＞25mm包括阴阳转角

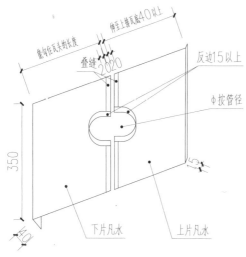

图 3-70　出屋面设备管道凡水构件节点图

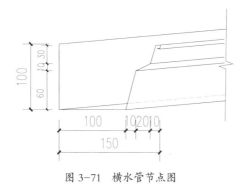

图 3-71　横水管节点图

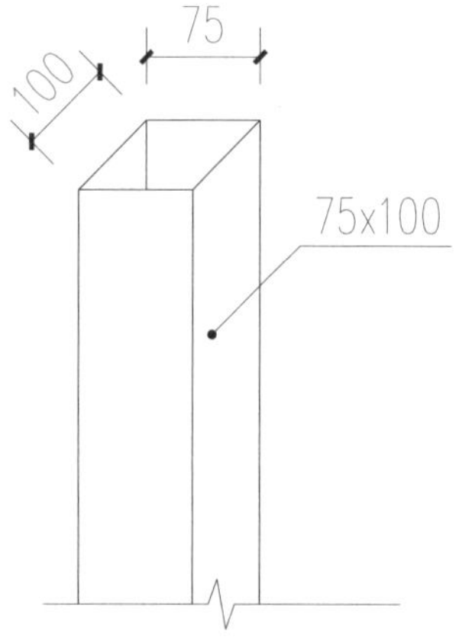

图 3-72　落水管节点图

45°夹角搭接，搭接缝竖向或横向都需焊缝搭接。横水落的落水口一般以一开间为一落点或5m设一落水点。横水落背立面要有一条20mm宽向外直角折边翻口。安装横水落时，下有封檐板上的水落线托住，横

水落的直角反边用钉固定在封檐板上。还有横水落外口上有撑攀小构件，一头勾住水落外上口，一头钉牢在屋面板上（闷檐条锯缺口），撑攀间距应不大于800mm。

安装后的横水落流水、泄水应顺畅，不能有袋水、倒泛水等现象；尤其遇大雨时，不会有雨水冲出横水落现象。

2）落水头子

落水头子固定于横水落底部落水洞口上，是连接摇手弯的过渡连接件，是将横水落内雨水通过落水头子排入落水斗内的白铁构件（图3-72）。落水头子有圆形、方形两种形状。大小、形状与被选用落水管相匹配。落水头子长度100～125mm，落水头子上口周围应向外有8～10mm翻口插入横水落底部落水口。应将翻边与横水落底板敲平，并用焊锡焊牢。落水头子下口四周要略小于被套插的雨水管管径内壁2～3mm。

3）摇手弯

摇手弯是横水落与墙面上落水斗之间的弯曲状连接构件，其形像S状，又像摇手柄形状，所以俗称摇手弯（图3-73、图3-74）。摇手弯外形与落水管相匹配。摇手弯角度，按现场实际情况定。摇手弯向上套进落水头子不得少于50mm，下端不能紧贴落水斗底面（距离100mm以上为佳），以防在大水流冲泄情况下，造成水流喷溅出落水斗。

4）落水斗

落水斗上口承接落水头子或摇手弯引流的屋面雨水，排入竖向落水管，引流到地面（图3-75）。落水斗能同时接受多个落水管引流雨水排入，能起到短暂的聚积及缓冲排水功能，还能防止垃圾掉入落水

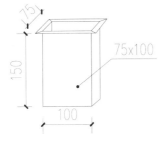

图 3-73　摇手弯头子节点图

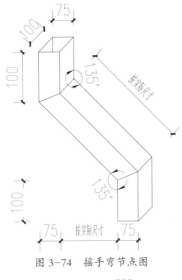

图 3-74　摇手弯节点图

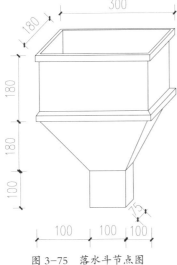

图 3-75　落水斗节点图

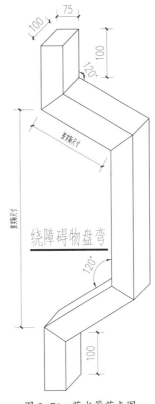

图 3-76　落水管节点图

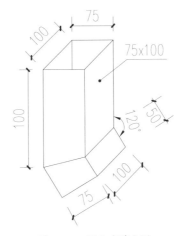

图 3-77　泄水弯节点图

管内造成堵塞。落水斗安装在墙面上应牢固不松动、上口平整、落水口垂直、背面应有橡皮垫圈衬垫。

5）落水管、泄水弯

落水管截面形状有方形和圆形两种，截面尺寸圆管直径 75～125mm，方管为 75mm×100mm～100mm×125mm（图 3-76、图 3-77）。制作时，每节长度在 1800mm，管下口外径应小于管管上口内 3～4mm（便于上下插接），卡口上下搭接在

25 ～ 50mm 之间。方管搭接缝应设在管角，安装时，圆管、方管搭接缝面向墙面。

装落水管前，应先在所装位置墙面上弹出垂直线，在直线上安装抱箍搭攀用于固定落水管，间距不超过 1500mm，每节装一个。安装后的落水管垂直牢固，离开墙面有 10 ～ 20mm 空隙。

最后一节下口应装有 60°泄水弯，距明沟或十三号（窨井）上面 20 ～ 50mm，以便落水流入明沟或十三号（窨井）内不使其飞溅到地面上（图 3-78）。

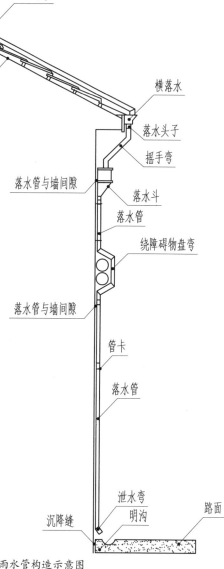

气楼屋面
横落水
落水头子
摇手弯
落水管与墙间隙
落水管
屋面咽管
大屋面
横落水
落水头子
摇手弯
落水管与墙间隙
落水斗
落水管
绕障碍物盘弯
落水管与墙间隙
管卡
落水管
泄水弯
明沟
路面
沉降缝

图 3-78 雨水管构造示意图

118

（三）中瓦屋面

石库门建筑中瓦屋面构造及介绍（图3-79～图3-83）

1. 出楞做脊

1）屋脊拆除、清理

将脱落起壳的屋脊拆除，翻起屋脊上中瓦与屋脊两边约500mm距离的瓦片，整体清理。

2）屋脊两边做出楞

出楞前如正桁弯曲不直，应先用麻线拉出中心直线，再顺麻线铺合瓦并用灰沙窝实，将正脊借平拉直，然后开始出楞。底瓦间距40～50mm，铺4～5，上面3～4张应铺灰砂窝牢。盖瓦7～8张，上面4～5张用灰砂窝牢，并用枕头瓦或搁脚瓦临时垫好。底瓦顶端用1/4张左右勾楞瓦用灰沙窝牢，再用灰砂、碎瓦垫平凹档。底瓦要樽楞着实，用半张瓦片垫靠在底瓦两边。

3）做脊

铺脊拉麻线，用中瓦平铺一皮，再用手压实，然后铺灰砂和中瓦各一皮。两皮中瓦应相互错缝，然后刮糙，隔日粉光。平屋脊则先将两头脊瓦窝好，拉直麻线，中间望平，沿脊铺灰砂窝实。溢出灰砂用泥刀刮进脊瓦20mm。隔日干燥后再粉光砂浆。禁止瓦窝进屋脊内不少于1/3。

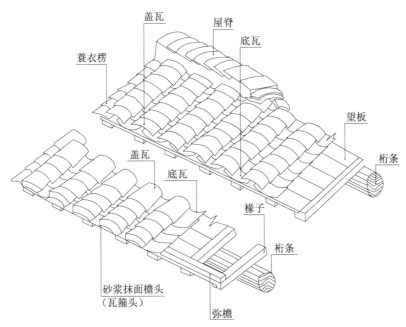

图 3-79 中瓦屋面构造示意图

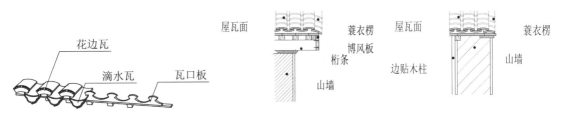

图 3-80 小青瓦屋檐口构造示意图　　图 3-81 悬山蓑衣楞构造示意图　　图 3-82 硬山蓑衣楞构造示意图

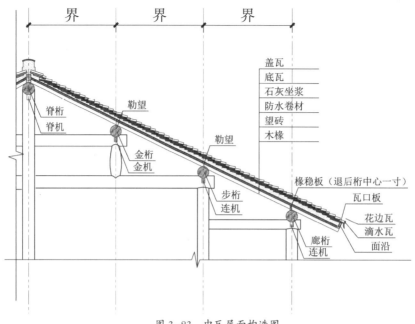

图 3-83 中瓦屋面构造图

盖瓦
底瓦
石灰坐浆
防水卷材
望砖
木椽

脊桁
脊机

勒望

金桁
金机

勒望

步桁
连机

椽稳板（退后桁中心一寸）
瓦口板
花边瓦
滴水瓦
面沿

廊桁
连机

界　　界　　界

2. 中瓦斜沟

在出楞做脊时，龙梢处应先做五至六楞斜沟瓦，防止斜沟底板与出楞底瓦高低不顺，避免倒泛水。在斩斜沟瓦时应拉好麻线，底瓦应盖出斜沟，斜沟瓦头上下齐直，窝实牢固，并窝好蟹钳瓦（突出部位）。龙梢处斜沟宽度不少于 220mm，斜沟上下有喇叭形。

3. 粉做凡水、压顶和出线

①将起壳、损坏的凡水粉刷斩去，清理清洗后镶好山墙墙洞，靠墙洒水，用灰砂铺实，自下而上靠墙铺中瓦一列，盖六露四用手压实，上下整齐。檐口底瓦挑出封檐板（或水落）50～70mm，靠墙面用 1:1:6 石灰膏水泥黄砂刮糙，干燥后再洒水粉面，不得一次一铺粉面，避免起壳开裂。当中瓦屋面上大下小相差较大，中瓦粉凡水不能保证质量时，应该做落底凡水。

②斩去破损起壳的压顶出线粉刷，清理清洗后浇水湿润砖面，再用水泥砂浆刮糙，铁板要压紧，刮糙后隔天粉刷面层，上下口用引条撑平后粉直，下口需粉倒侧口或勾勒 3～5mm 深滴水线，压顶面应粉出泛水。

③压顶出线破损严重的应重新拆砌。拆下旧砖刮清灰砂后浇水。压顶墙部分再清洗后浇水湿润。两头拉直麻线至下口，用砖砌筑压顶，先用 1:2.5 水泥砂浆砌刮糙面，隔日再用 1:2 水泥砂浆粉光面（图 3-84～图 3-86）。

4. 翻盖瓦片

将瓦片全部小心翻卸至地面，清洗干净并别除报废旧瓦，调换碎裂、破损望板砖，屋面整体整理检修。腐烂损坏的椽子或桁条应及时加固或调换，垫平屋面。瓦楞要均匀，按照出楞两头拉麻线，由下而上铺

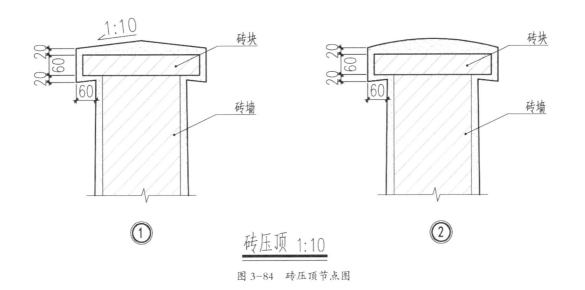

砖压顶 1:10

图 3-84　砖压顶节点图

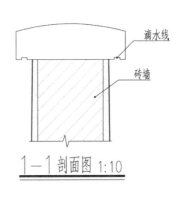

石压顶 1:10

图 3-85　石压顶节点图

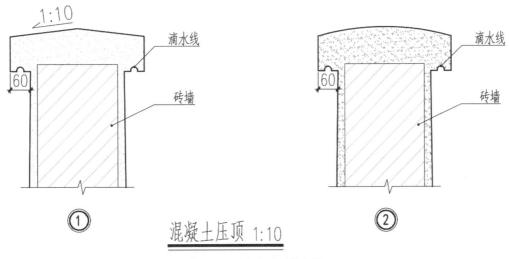

混凝土压顶 1:10

图 3-86　混凝土压顶节点图

底瓦盖六露四，瓦楞望直，用半张瓦填衬樽楞，每道不超过500mm（如屋面坡度在30°以上，底瓦应用灰砂打垫樽楞）。

盖瓦应盖七露三平伏，并应盖没底瓦边缘至少15mm。瓦楞如有高低应抽插瓦片调整做平，宜用800～1000mm长靠尺或拍楞板先拍楞（防止竹节块），然后再用直楞板在盖瓦侧面齐直瓦楞，最后接上檐头。檐口底瓦应用灰砂窝实牢固（第一张大头朝下），并挑出封檐板或水落50～70mm。如无水落必须粉做瓦箍头。

5. 注意事项

①做屋脊前应沿屋脊摆好跳板，并做好相关防滑措施，防止踏碎瓦片。

②翻修屋面时，碎瓦、碎砖、泥沙等垃圾应及时清理干净，不得扫入平顶内。

③应妥当安排施工工序，特别是翻开屋面时，如当天不能铺盖完成，应在收工前用油布等材料铺盖好屋面，防止漏雨。

二、墙 面

石库门建筑外墙使用的建筑材料，往往随着时代的演变而不同。立帖式木结构石库门建筑，外墙只是起围护作用，为非承重墙，一般使用空斗墙。砖木结构石库门建筑，采用砖墙承重为主，个别部位使用钢筋混凝土构件。墙体材料根据外墙需要，有多种类型。

（一）清水墙修缮

石库门建筑外墙多为清水墙，亦是石库门建筑中最常见的外墙形式，其优点为

整洁美观、用料简单、施工简便、造价略低，但其缺点也很明显，砖面容易受损，亦受到雨水的风化、侵蚀。

1. 清水墙

因清水墙砌体在外立面保持了砖块原有的砌筑状态，只需勾缝后即为成品。外观朴实美感，功能上又要有防水、防风、保温效果，所以对清水墙用材及砌筑要求都相当高。

2. 砖块规格

砌筑清水墙用的砖块一般都采用"标准砖"，单个砖块在厚、宽、长尺寸上应均匀一致，误差在±2mm内，外形品相须方楞出角、无瑕疵、感观面光洁。

普通砖以黏土为原料焙烧而成。因生产方法不同有红砖和青砖之分。砖的规格尺寸，长、宽、厚比例关系为4∶2∶1。标准砖尺寸为240×115×53。还有九五砖，八五砖等（图3-87）。

标准砖：240×115×53

九五砖：222×108×44

苏联制标准砖：257×123×55

上海标准砖：234×114×54

3. 砖块颜色

砌筑砖块分两种颜色：

青砖（灰黑色）（图3-88）。

机红砖（橙红色）（图3-89）。

在砌筑上除按规范施工操作外，感观上砖缝的接差、错缝、横缝必须水平平直，竖缝必须垂直，头缝对直误差在±2mm，灰缝宽度一般控制在8～12mm，整垛墙面平整度在±2mm左右。清水墙砌筑完成后

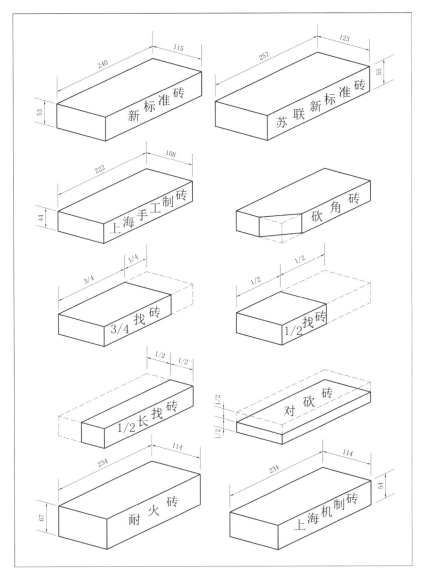

图 3-87 砖块规格

图 3-88 青砖样式

图 3-89 红砖样式

必须嵌缝,既可增强防水性能又可增加美观度。

月以上成膏状后,在使用时根据情况加入适量石膏粉即可(平、圆灰缝均可)。

4.清水墙嵌缝用材

历史建筑上采用的砌筑砂浆有:柴泥砂浆、柴泥石灰砂浆、石灰水泥砂浆、石灰江米汁等砂浆。

清水墙嵌缝用材有两种:

1)水泥灰缝:1:0.4 = 水泥:细沙(一般用于平缝多)。

2)石灰灰缝:用纸筋加细草纸斩后化入石灰,后经滤浆,存放于石灰池内。半

5.清水墙修缮常用工具

1)砖块加工工具:锯、刨、磨石等。

2)墙体砌筑工具:泥刀、皮数杆、麻线、粉线袋、泥桶、水壶等。

3)墙面修缮工具:铁板、洋铁皮、木蟹、钢丝刷、扫帚等。

4)灰缝修缮工具:木槌、嵌刀、刷子、平缝铁条、圆套溜子等。

见图3-90～图3-92。

6.清水墙砌筑方式

①一顺一丁法(整体性较好、转角洞口处砍砖较多)。

②一顺三丁法(满顺满丁)(有垂直

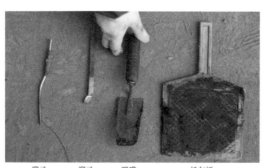

溜子　溜子　鸭嘴　托灰板

图3-90　砌筑与修缮清水砖墙工具(左)
图3-91　砌筑与修缮清水砖墙工具(下)

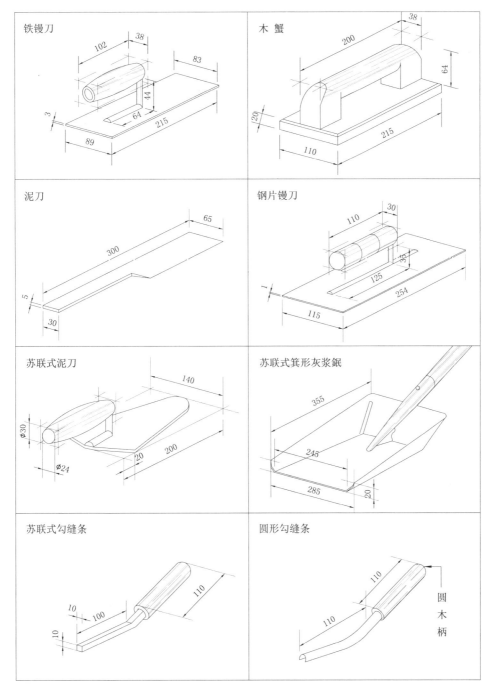

图 3-92　砌筑与修缮清水砖墙工具示意图

通缝，整体性较差砌筑速度快）。

③梅花丁法（沙包式）（整体性较好、墙面较美观、砌筑工效较低）。

④五顺一丁法：砌筑速度快，质量较差。

⑤全顺砌法：砌筑速度快，整体性差，

砍砖多（图 3-93）。

清水砖墙砌筑方式——满灰法（图 3-94、图 3-95）。

清水砖墙砌筑方式——刮浆法（图 3-96）。

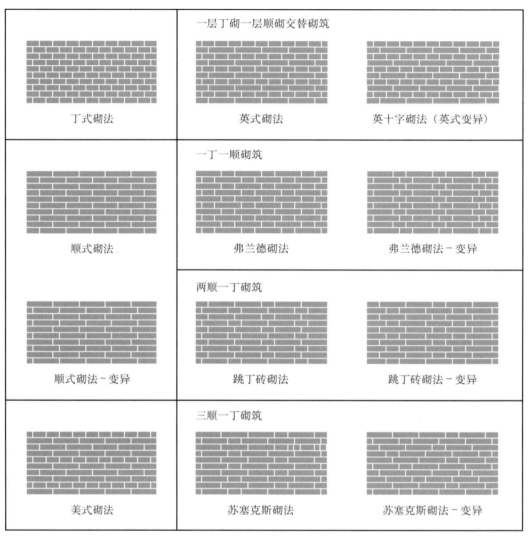

图 3-93 清水砖墙砌筑方式示意图

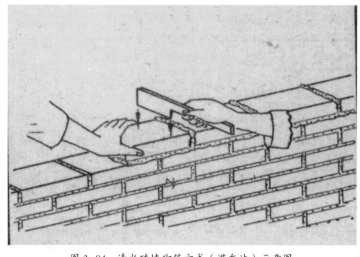

图 3-94 清水砖墙砌筑方式（满灰法）示意图

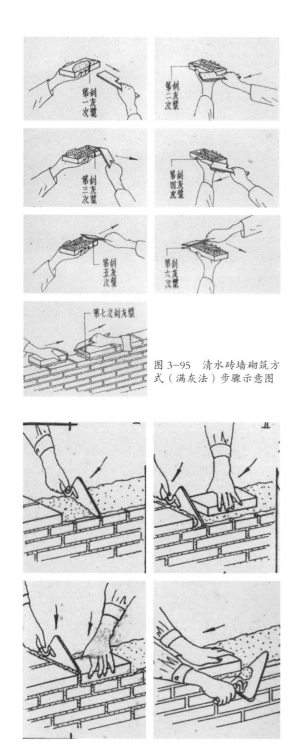

图 3-95　清水砖墙砌筑方式（满灰法）步骤示意图

图 3-96　清水砖墙砌筑方式（刮浆法）步骤示意图

图 3-97　清水砖墙砌筑方式（剂浆法）步骤示意图

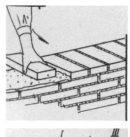

图 3-98　清水砖墙砌筑方式（剂浆刮浆法）示意图

清水砖墙砌筑方式——剂浆法（图 3-97）。

清水砖墙砌筑方式——剂浆刮浆法（图 3-98）。

一砖墙砌筑操作顺序（图 3-99）。

一砖墙一顺一丁砌筑操作顺序（图 3-100）。

一砖半墙五顺一丁砌筑操作顺序（图 3-101）。

一砖半墙五顺一丁砌筑操作顺序（图 3-102）。

7. 清水砖砌筑

1）砌筑门窗洞的清水砖拱券

（1）预先定制好与外墙同色砌筑拱券用的刀口清水砖，搁脚的斜刀清水砖（也可现场斩砌，但被斩边需磨光）。

（2）随樘子两边脚头砌到樘子上冒平

127

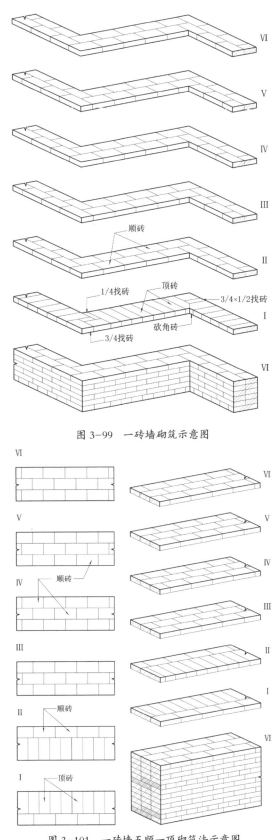

图 3-99　一砖墙砌筑示意图

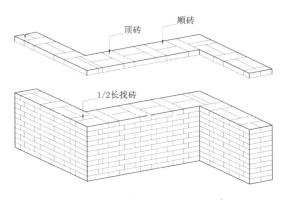

图 3-100　一砖墙一顺一丁砌筑示意图

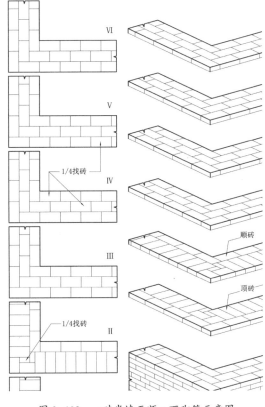

图 3-102　一砖半墙五顺一丁砌筑示意图

两边，两边各留 25mm 为拱券搁脚着落点，然后再砌斜刀清水墙或斩砌山头斜刀清水墙，自拱券底砌到拱券，两面呈三角形类似山尖墙。

（3）平拱券：砌筑时，应先摆过梁板，过梁板要比檩子上冒高出约 10mm。过梁板面垫沙，使砖拱券中部起拱 10～20mm，

图 3-101　一砖墙五顺一顶砌筑法示意图

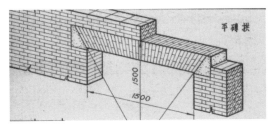

图 3-103 平拱砖砌方式示意图

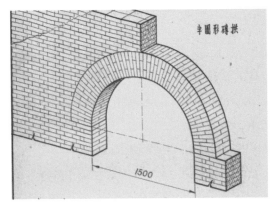

图 3-104 半圆形砖拱砌筑方式示意图

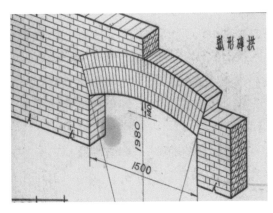

图 3-105 弧形砖拱砌筑方式示意图

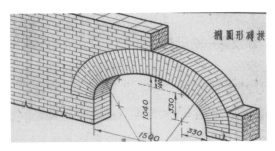

图 3-106 椭圆形砖拱砌筑方式示意图（一）

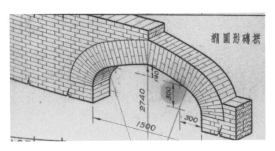

图 3-107 椭圆形砖拱砌筑方式示意图（二）

待砌筑砖拱券砂浆强度达到 50% 以上，取走过梁板（图 3-103）。

（4）半圆形、弧形及椭圆形拱券：砌筑前，先由木工做好相应的木框架弧度（长、宽、高的弧形拱券木框架），然后将木框架撑立于樘上冒头并使两边脚头高出樘子上冒头 10mm 左右，再在木框架圈上砌筑清水刀口砖，待砌筑砂浆强度达到 50% 以上，即可拆去木框圈架（图 3-104 ～图 3-107）。

8. 清水墙颜色砖艺术镶嵌

为改变青砖清水墙面的单一色调，在砌筑过程中，按设计需求会渗入一些机红砖。如在墙体四周镶砌水平带状的红砖直线条，规格及数量按设计要求。同时机红砖还可以镶砌在门窗边，形成好看的门窗框。

9. 清水墙艺术砖挑砌构件

挑砌艺术砖适合所有清水墙面。挑砌前先按图纸、要求、数量分色，预先定制加工好各类单体艺术砖块，砌筑时，按图纸要求选用艺术砖块进行凸出墙面的挑砌。如：

①单皮艺术砖挑砌，如：门楣、窗楣（砌筑在拱券上）；

②艺术砖重叠挑砌，如：台口线脚条、

腰墙线脚条（需几皮艺术砖经叠砌后完成的线脚条）；

③艺术砖组合挑砌，如：艺术窗套（包括窗盘、窗台板等）、艺术砖竖向、横向叠加、挑砌青红艺术砖块的穿插砌筑。

10.清水墙拆砌镶砌砖片或砖块（小范围内）

鉴于在外力作用下或其他因素，致使墙体局部小范围内产生裂缝、松动、砖块残缺、参差不齐的洞状现象，需要对该范围内作局部拆砌。

1）施工步骤

①用小钢凿、小榔头轻轻凿拆损坏部位残缺、松动砖块，将可利用砖块清理，清除原来残留砂浆后，浇水湿润。

②清理待砌墙面残余砂浆、垃圾等，并浇水湿润。

③准备砌筑砂浆，1:1:4（水泥:石灰膏:黄沙）混合砂浆。

2）准备砖块

①使用原砖块，可在同幢房屋内拆旧（如后天井及不显眼处）及相似旧砖块。砌筑时，在相应灰缝两边拉出平行直线，由下向上砌，控制好水平灰缝及竖直头缝直至完成。

②对个别墙洞的镶砌，先清理洞口内残损砖块垃圾。满足整砖镶砌，按原有灰缝深度、宽度走砖，不能用两个半块砌，应用整砖从外墙面镶入墙身，然后按原清水墙灰缝嵌灰缝，再做旧平色。

11.清水外墙砖面层修缮

①将清水外墙上有风化、腐蚀、酥松的砖面层全部清理干净，清除损坏灰缝层，包括不匹配修补过的灰缝层，清除浮出残留物。

②砖表面层风化深度 < 2mm 内的不予修复，保留历史沧桑感，只作保护，可在表面涂刷透气憎水保护剂。

③当整块砖风化深度 > 2mm、深度 ≤ 20mm 时，宜采用修复砖粉类材料修复。修复砖粉需满足下列要求：含至少 10%（重量比不同）以上旧砖磨成的粉；黏结剂以天然水硬性石灰或高品质消石灰为主，水泥含量不高于 10%，有机胶含量不大于 1%，以保证修复砖粉透气性，颜色及纹理与旧砖相似，强度是旧砖的 10% ~ 100%，不可高于旧砖。必须对砖进行固化。

也可采用传统做法：椿光石灰 + 氧化铁系色粉 + 水泥（少量）+ 细沙拌和而成。

④砖表面层风化程度 > 20mm，将采用砖片镶砌法，将表面破损砖凿除，用原建筑内拆旧的砖块切割成 15 ~ 20mm 厚砖片，经表面磨光，用低碱砂浆粘贴。需要注意的是仅能用砖的表皮，转角砖片应切割成"L"形。

粘贴材料不得采用硅酸盐水泥砂浆，一般可采用石灰基砂浆会低碱性水泥石灰砂浆粘贴。

⑤清水墙嵌缝修补应按原墙面上所嵌缝的宽度、色泽、式样、修补用料配比，常规灰缝宽 8 ~ 10mm，修补后灰缝应与原灰缝协调，水平缝不断裂，竖直缝头缝直挺饱满。新砌清水墙嵌灰缝应从上到下、从左到右、先嵌长（横）缝，再嵌头（竖）缝，长（横）缝饱满无断裂痕，线条匀称和顺，竖缝头缝饱满，上下垂直一根直线无接头痕，匀称和顺。

12. 清水砖墙砖缝形式及材料

传统做法：所有砖缝均需要两次勾缝，所谓修边对缝，再做表面装饰缝，缝的形式可分为：平灰缝、凹缝、斜缝、圆灰缝（元宝缝、鱼骨缝）。

（1）修缝材料：第一次勾缝通常采用椿光灰加细砂加颜料。

（2）勾缝材料：石灰加细沙。

（3）当代修复砖缝材料：可采用成品砖粉修缝、再用石灰基材料修复砖缝。不得采用纯水泥或产品填缝基修复。

（二）石库门防潮层修缮

由于砖墙基础防潮层材料年久损坏（大多数为油毛毡），造成"避潮层"失去功能，使得屋内墙面潮湿，尤其在南方黄梅季，出现墙身长"白毛"现象。

1. 传统修缮方法

传统修缮方法是把局部基础墙抬升或拆卸，然后逐段修理，这样会对承重结构墙体造成一定损伤。

2. "吊盐水"注浆法

为了避免传统修缮方法对墙体的损伤，采用注入"防潮液"，把砖墙体变为防潮带，把砖墙具有透气性的特征改变成为类似混凝土刚性防水特性，起到防水层作用。俗称"吊盐水"。

理论上，毛细空隙越小，毛细水上升的高度会增大。但是毛细空隙越小，水上升的速度会越慢，蒸发会加大，当墙体材料的蒸发量大于毛细水量时，墙体将保持干燥。所以，通过化学方式，堵塞毛细孔，使毛细孔变小，同时改变材料与水的接触角，达到防止上升毛细水的效果。

3. "吊盐水"注浆法

施工步骤：

①先确定"吊盐水"注射的施工位置是否有重点保护部位及内容（图3-108）。

②从内向外打孔，内墙可以从任何一侧在砖缝间水平向打两排孔，孔径8～12mm，空洞距离地面二至三皮砖（间距100～120mm），孔深（240mm墙体，深度约210mm。490mm墙体，深度约480mm）。孔眼应选择砌筑砂浆灰缝的交叉点。

清理孔内浮灰与砌筑砂浆。

④采用低压泵注射防潮剂至饱和为止。

⑤24小时后清除同一孔中的余料，再注射一次防潮剂并至饱和位置。

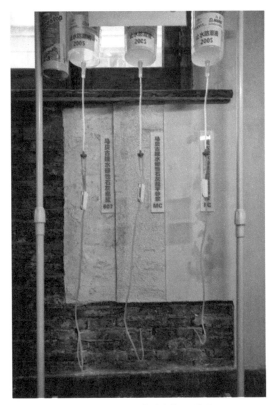

图3-108　"吊盐水"注浆法

24 小时后用防水砂浆封孔。

⑦墙根 500mm 高度防水封护，喷洒一遍防水剂，粉刷防水砂浆刮糙（湿对湿施工）。

养护 24 ～ 48 小时后，粉刷面层。

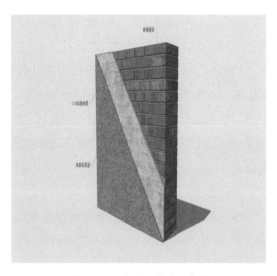

图 3-109　水刷石构造示意图

（三）水刷石

水刷石是一项传统施工工艺，能使墙面具有天然质感，且色泽庄重美观，饰面坚固耐久，不褪色，也比较耐污染（图 3-109 ～图 3-111）。

1. 水刷石墙面破损原因

一般表现为裂缝、起壳、脱落，其原

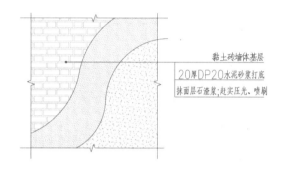

图 3-110　水刷石构造示意图

图 3-111　水刷石修缮工具

因是面层一般都比较厚、刚性大、而且中、底层抹灰都不分格，尤其是有的还采用不掺砂粒软灰浆作中层，在大气干湿、冻融等反复作用下因与基层材料膨胀率不一致，相互间产生内应力，而出现裂缝、起壳、甚至破损、成片脱落。

另外，因水刷石长期暴露于室外，受大气、雨水、尘土等影响，使水刷石表面风化或色泽变化。

2．水刷石墙面修补

（1）确定修补范围

根据实际情况、损坏程度确定修补范围。

（2）修补和清洁基层

用水将基面浇水清洗，特别是在接缝处用刷帚沾水拖清，将所有松动、裂缝浮灰全部清扫干净，用水泥砂浆把原墙面裂缝较宽处嵌补密实。

（3）粉底层（刮糙）

全部基面刷一层纯水泥浆，然后用 1∶3 水泥砂浆刮糙做毛坯。刮糙应分度进行，不得少于二度，每刮一度糙前应先密实接头，并根据面层厚度需要，低于原墙面以便粉面层，最后一度用刮尺，刮平划毛。

（4）粉面层

根据原墙面石渣粒径大小配水泥石渣浆，水泥石渣浆配比依石渣粒径大小而定，要求水泥用量恰好能填满石渣间的空隙，便于挤压密实，又不宜偏多。一般配比见表 3.1。

表 3.1　水刷石水泥石渣浆配合表

石渣粒径	8mm（大八厘）	6mm（中八厘）	4mm（小八厘）
水泥∶石渣	1∶1	1∶1.25	1∶1.5

（5）粉面层操作如下

①用水浇湿糙坯；

②用纯水泥砂浆刷一度；

③按设计要求窝置分格引条；

④粉水泥石渣砂浆面层，粉面层厚度视石渣粒径而异，通常厚度应是石渣粒径的 2.5 倍，即用大八厘时，厚度应是 20mm，中八厘时是 15mm，小八厘时是 10mm 左右。粉时必须拍平、拍实、拍均匀，新旧石子面要求平坦。

⑤待面层开始凝固时用刷子蘸水刷掉（或用喷雾器喷水冲掉）面层水泥浆，至石子外露，再用铁板将露出石子尖头轻轻拍平，防止空隙。

3．刷　洗

①水泥初凝后（用手轻按、轻揿上去无痕，用刷子刷石子不掉下来时）即可刷洗。

②刷之前先将下面的原水刷石面层用水浇湿，以免新补粉刷在用水冲洗时，水泥顺水流下，粘牢老面层影响美观。

③刷洗时一人用刷子蘸水刷掉面层灰浆，一人紧跟用喷雾器，由上往下挨着喷水冲洗，把表面水泥浆冲洗掉，露出石子，最后还须将旧的原水刷石墙面用水清洗干净。

④如墙面沾污严重，较难清洗，可用稀草酸溶液淋洗一遍，再用清水洗干净。

（四）墙体修缮

1．山墙（封火山墙）拆、砌

山墙位于联排石库门建筑两端，具有防风、防水、保温功能，是承担楼面荷载及承担屋面荷载的承重墙。

封火山墙俗称封火墙，是联排石库门建筑中间的分隔墙，具有延缓火势蔓延的功能，同时也是承担楼面、屋面荷载的承重墙。

由于山墙砌筑随屋面形状由两头向中间逐渐缩小逐渐升高，最后形成山尖状墙体，故称之为山墙（图 3-112）。

2.石库门山墙拆砌、修缮操作工艺

1）拆砌山墙的原因

中期石库门房屋，由于建造年代久远、又受当时建筑材料、施工工艺局限及在漫长岁月里遭受不同情况外力作用破坏（如：外力物体撞击、自然力量侵害、人为因素及附近地下施工作业使原墙体地基基础遭受不同程度损坏），导致山墙不均等沉降成阶梯状开裂并有较大范围砖缝松散性裂缝，已经无法用一般措施修复，必须采取将其拆除重新再砌筑的措施才能恢复该山墙原有功能。

2）拆砌山墙前期准备工作

（1）在拆砌山墙范围周边，搭设好适用的脚手架，安装好垂直运输的电动工具，并做好安全防范措施。

（2）将由山墙负重的荷载体用临时施工支撑，自地面到屋顶支撑牢固。

3）临时施工支撑具体操作

从底层室内开始在离拆砌山墙约 0.8m 处地面上安放 50mm×200mm 通长木板（可顺着对接）做撑头木的垫头板，用 75mm×150mm×（3-4）m 长的木方做牵杠，用 75mm×150mm 方木或用小头 ≥ ϕ150 的杉木圆筒木做撑头，长度按实际尺寸（应扣除垫头板厚度、一付对拔榫 20～30mm 的厚度余量），在撑头上方用木板或小木条钉出低于牵杠宽度的耳朵爿（用于在牵杠上作固定用）。

撑牵杠撑时，在地面上先把两根撑头木放在牵杠两头离头子约 200mm 处，在耳朵爿作用下与牵杠钉牢，在多人合力下将形成的牵杠撑竖起来放在垫头板上，两根撑头的底脚用对拔榫临时撑紧。牵杠横木托在楼格栅木底部校正位置，用线垂从纵横两方向把撑头吊挂垂直后，把撑头下的对拔榫向上整紧，将牵杠撑牢牢紧托撑住楼格栅，然后在牵杠木中间按 @800mm×1000mm 之距增加撑头木，撑头底脚用钉子把脚头、对拔榫、垫头木三

图 3-112　石库门山墙

者一起固定牢。牵杠横木与木格栅底先临时固定，再用木板或木条以剪刀撑形式将牵杠木与撑头木、撑头木与撑头木之间连接稳定牢固。

底层施工完毕后再上二层撑屋面，其操作过程与底层相仿，二层垫头板摆放应同底层牵杠撑木位置同步对直，牵杠木托撑在平顶木筋下面，然后拆除部分平顶粉刷层、板条子穿摆垫头木到平顶筋面层、托撑木桁条。

4）托撑木桁条有两种做法

（1）直接用撑头木撑在每根木桁条底部，用搭头板连接固定牢。

（2）用50mm×150mm木板临时做出人字木托在木桁条底部，再用撑头木支撑。

注意：每层所撑的牵杠撑必须对直，撑头纵横向需要垂直。撑头纵横向需要垂直。撑头纵横向需要垂直。每层的传力必须垂直到地面，为减轻屋面上负重在牵杠撑的区域内可拆卸部分瓦片。施工期间，做好防风、防雨、防盗等各项安全措施。

3．拆除原山墙

在拆除施工时应考虑周边场地情况，结合石库门保护条例，宜采用人工拆除方法。用18磅铁榔头、钢撬棒、小钢凿、小铁榔头等人工敲、撬、凿的操作法。从山墙压顶开始逐一向下拆到底层地坪。将拆下可利用的旧砖块清除，去掉残留的砂浆，妥善放在脚手架或地面上备用。

因山墙基础损坏，山墙拆至地坪后，再由墙身两边各挖出500mm宽的沟，挖到原地基基础，应清理垃圾，修除浮土平整基槽底，夯实基坑，做好基坑底渗入水的防范措施（必要时，挖出排水沟、集水沟）。

墙体在拆除过程中，做好安全措施、注意自身保护、防止伤及他人。墙体拆除后做好防风、防雨、防盗。在冬天还应做好防寒保暖等措施。

4．重新砌筑山墙体

1）砌筑山墙的基础定位、放线

在重新砌筑山墙基坑的两端各设置一组龙门框（龙门框由龙门板及框头组成，是控制墙体轴线标高依据基准点）。

引进市政水准点，标注在固定建筑物上。

将±0.00水准引测至基槽两端龙门桩的龙门板上口并校正成水平状后固定在两根桩头上。

按图纸定位线或原山墙轴线标注到基槽两端龙门板上口并用小钉子钉牢，标注点露出龙门板上口10～15mm待用（用作拉轴线麻线挂钩）。

2）山墙基础、墙身施工操作工艺

基坑先要素土夯实。一般二层砖木结构基槽宽800mm，深800～1200mm。

常用丁字尺，以龙门桩为基准，用竹签做桩头，定位出道渣垫层的面标高，每隔500mm敲一根。一般垫层厚度为100mm。然后在道渣垫层上，用竹签桩定位出100mm厚度的三合土垫层的面标高。

三合土是用碎砖、石子黄沙、石灰拌制而成。浇捣时需要拍实平整。

从基坑两端龙门板轴线钉子扣上麻线拉出山墙轴线的直线，将线垂吊线紧靠绷紧的直线，用线垂的圆尖引点在基坑两头三合土垫层面上，再由两点拉直线在中间取点，然后用墨斗线弹出直线山墙轴线，再由中心轴线向两边引放弹出山墙基础大

135

放脚的两条边线。

砖砌山墙基础的大放脚分为三层。从大放脚到 ±0.00 墙身面的具体操作过程：

（1）三合土垫层面上放出两条大放脚边线。砖砌第一层大方脚，宽度 25 英寸（620mm），高度二皮砖厚。

（2）从第一层面上砌筑第二层大方脚，从边缘向轴线方向收进 2.5 英寸（65mm），向上砌筑宽度 20 寸（490mm），高度二皮砖厚。

（3）从第二层面上砌筑第三层大方脚，从边缘向轴线方向各收进 2.5 英寸（65mm），再向上砌筑宽度 15 寸（370mm），高度二皮砖厚。

（4）从第三层面层上砌筑基础墙体，从内墙面单向收进 2.5 英寸（60mm），向上砌筑 12.5 英寸（300mm）宽基础墙身。因为一层外墙面底部有高 500～600mm、凸出外墙 2.5 英寸（60mm）的勒脚，所以在砌筑基础墙体时，应随之向上挑砌。

（5）12.5 英寸（300mm）基础墙身，接头应叠合 100mm 以上，然后再向上砌筑到 +0.5～0.6m 勒脚的顶面为止。

（6）勒脚墙体完成后再向上砌筑 10 寸（240mm）厚砖砌山墙体到顶。墙身砌筑常用一丁一顺砌法，也可以用一皮走砖砌法。

砌墙砌到木格栅底时，在格栅底要摆放涂满防腐剂的垫头木或通长沿游木，并用对拔榫借平高低位置，随手镶砌格栅档至格栅面平刮斗后，再向上砌墙身。

砌到距檐口平顶不到 500mm 左右处开始从山墙两端挑砌山墙彩牌头，先用走砖在墙两端各挑出 2.5 英寸（60mm）为第一皮，每皮按契合砌筑，向外挑出

2.5 英寸（60mm），在挑砌 8～10 皮砖后（此时挑砌的砖色挑伸出长墙面 500～600mm），然后在最后一皮挑砌砖的外口垂直向上砌筑约 700mm 高度开始斩砌山尖墙（图 3-113）。

根据屋面坡度逐一收缩斩砌山墙山尖，在这过程中，在镶砌进墙桁条头子下面垫摆涂刷防腐剂的桁条垫头木并用对拔榫借准桁条流水高低，再镶砌桁条档（图 3-114、图 3-115）。

斩砌山尖时，需从定位山尖上向彩牌上标高拉出两根斜直线，顺着斜直线逐一斩砌山头。

挑砌山墙压顶必须用丁砖来砌，由于压顶需挑出山墙两边各 2.5 英寸（60mm）。砌筑时，从砖长方向斩去 2.5 英寸，俗称八分灶砖（砖长 180mm），两块顶头相接的丁砖形式挑砌山墙压顶，使其两边各挑出山墙面 2.5 英寸（60mm）（图 3-116、图 3-117）。

然后做粉刷另详。

3）普通砖砌体（九五砖）的砌筑操作要求

（1）砌墙前，将砖块浇水湿润，利用旧砖块必须削清残留的老砂浆。

（2）±0.00 以下墙体砌筑用 1∶3（水泥∶黄砂）水泥砂浆，包括大方脚出 ±0.00 的墙体可用 1∶1∶6（水泥∶石灰膏∶黄砂）混合砂浆。

（3）砌筑墙体基础大方脚砖块的咬缝契合必须符合规范，不能包芯砌，用 1∶3 水泥砂浆铺摊砌，砖块横竖头缝要注足每皮面层用水泥砂浆刮斗刮足大放脚，一般各收 2.5 英寸（60mm）到大放脚面刮斗后放墙身轴线。

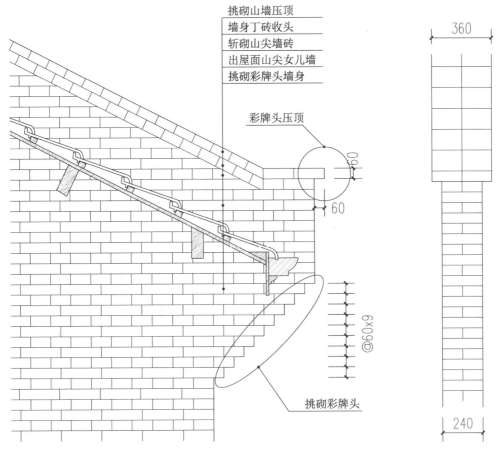

挑砌山墙压顶
墙身丁砖收头
斩砌山尖墙砖
出屋面山尖女儿墙
挑砌彩牌头墙身

彩牌头压顶

60

60

360

240

@60×9

挑砌彩牌头

图 3-113 挑砌彩排头及压顶示意图

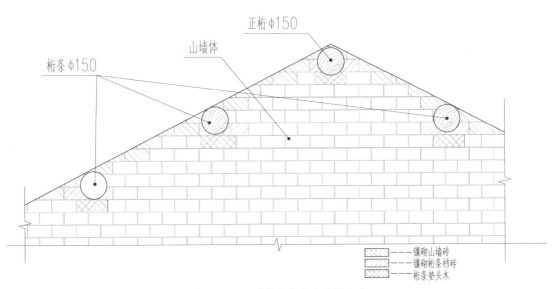

正桁φ150

山墙体

桁条φ150

镶砌山墙砖
镶砌桁条档砖
桁条垫头木

图 3-114 山墙桁条垫头示意图（1）

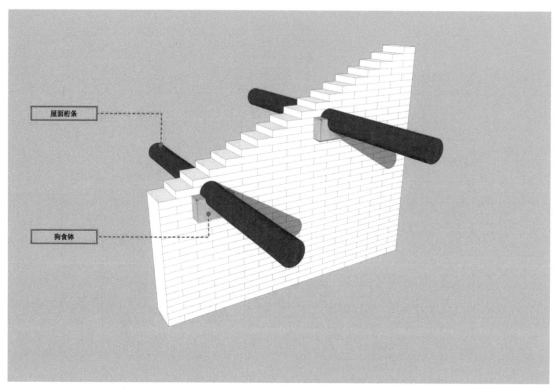

图 3-115　封火山墙桁条垫头示意图（2）

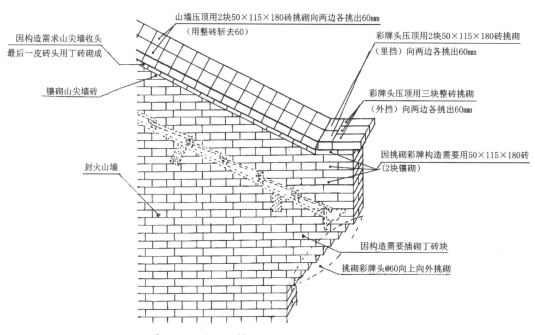

图 3-116　挑砌彩排头及挑砌山墙压顶示意图

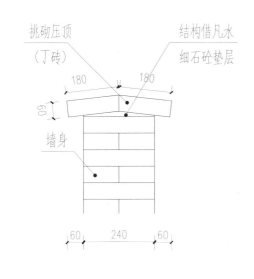

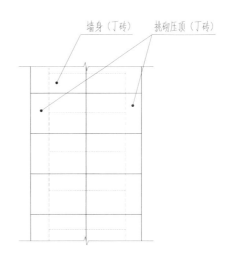

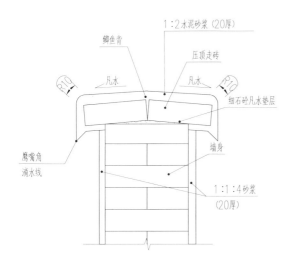

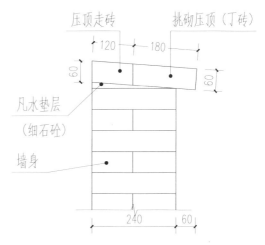

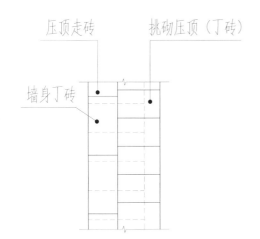

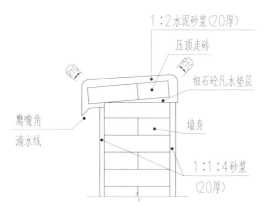

图 3-117 山墙压顶示意图

（4）砌筑的正墙身 10 英寸墙（240mm）最后一皮及最上一皮必须砌成丁砖状，砖块契合缝可用一丁一走砌法，也可用一皮丁砖、一皮走砖。砌筑方法：皮灰式（砂浆直接用泥刀皮在砖块上砌）；坐灰式（用探尺两边紧靠下面墙身沿探尺厚度铺摊砂浆层，然后用泥刀将皮好头缝的砖块砌在砂浆层上）。

（5）墙体砌筑时，事先应由木工翻样师傅画出皮数杆（控制每皮砖和灰缝的高度、立门窗樘位置高度、圈梁、避潮层高低位置等的砌墙标杆），再由泥工领班（当手）师傅按 ±0.00 线设立于房屋砖墙四角，然后泥工（头角）师傅按皮数杆在头角位置上砌出三～五皮角尺形墙体。

用线垂吊垂直水平的基准砖块（成齿形斜踏步状），再由其他泥工从两端头角由基准砖缝中拉出水平直线，顺线砌筑。砌筑到立门窗樘位置时，由当手师傅立门窗樘，然后再镶砌或摆置制门窗钢筋混凝土过梁或现浇通圈梁。砖墙砌筑必须逐皮拉直线，在长墙中间必须直线望平，不得有下垂现象。

（6）砌筑的砖墙体，外墙立面应砌筑成整面墙。在砌筑中间单元分隔墙时，应顺一个方向砌筑墙体。砌筑时，操作人员面对墙面的一侧叫正面，反之就是背面。砌筑砖墙体每块砖时，应把溢出砖面上的砂浆及时用泥刀刮掉，尤其是背面墙上溢出的砂浆。当一次砌筑完成一段时，应及时用硬扫帚把残留在砖面上的砂浆清扫干净。

（7）砖墙砌筑在 1.2m 以下时，应同步上砌不留斜槎或塞头。当同座墙砌筑三～五皮后，应换到其他墙上去砌，让砖

与砂浆层初凝（俗称：浪浪干），过半天，再向上砌以保证砌墙质量。如果两墙相交成 T 字形而不能同步砌筑时，应留塞头或加钢筋的塞头 $2\phi6$、800 长。墙转角处不能同步砌时，应留出踏步式或老虎塞头，并常用托线板校正墙的垂直度。

（8）砌筑墙体的灰缝应横平竖直、宽窄均匀、头缝砂浆饱满，灰缝厚度一般控制在 8 ～ 12mm。避潮层上表面高，应该在 -0.060 处，用 60mmC25 细石钢筋混凝土（内配 $3\phi6$、$\phi6@200$ 钢筋）浇筑而成。砌筑丁砖时不能集中利用断砖，应隔三～五块砖掺砌一块。挑砌的台口线、墙腰线应用丁砖挑砌。

（9）挑砌山墙压顶出线：在已完成的山尖砖面上用 1：3（水泥：黄砂）水泥砂浆刮糙，用水泥砂浆嵌足砖缝后刮平面层。挑砌压顶砖的契合用丁砖砌，将两块八分灶砖（用整砖斩成八分灶砖长 180mm）对接成一块丁砖状，其两边各挑出墙面 2.5 英寸（60mm）。

砌筑时先在山尖部位挑砌出两块八分灶的丁砖砌准确，然后在山墙最下方同样挑砌出两块对接的丁砖，从山尖挑砌出的砖块面外口用底线拉斜线到山墙下方挑砌的砖块外口校正固定好，另一边也同样操作，然后顺着两条斜线用 1：3 水泥砂浆把两块斩成八分灶对接，由坐灰形式从下向上两面挑砌，挑砌好后再用 1：3 水泥砂浆把砖缝、砖面刮糙刮足刮平。

（10）拆砌山墙结束后，待砂浆强度达到 70% 以上后，将临时施工撑（牵杠撑）从上向下全部拆除，再修复屋面、平顶、楼板（包括格栅平顶）等。

5. 砖墙体修缮

①对砖缝裂痕大、损坏严重的可做局部小范围拆砌。

②镶砌墙洞时应凿出契合咬缝的洞孔，上下皮砖竖向不能同缝。

③镶砌丁砖不能用两块半砖从两面塞镶，应用整砖从外墙向内镶砌。

④上述操作可参照重新砌筑山墙中的(2)(3)。

6. 普通砖砌墙内外粉刷施工工艺

1) 外墙面粉刷

先清理外墙面，用扫帚清扫外墙面上的垃圾尘埃，清除砖面上残留的干砂浆渣粒及污垢(可用水冲刷)。

2) 在大面积粉刷前，对凸出墙面的构件(如压顶出线、门窗楣、水泥护角线等)先行粉刷。外墙面粉刷厚度一般控制在15～22mm。在粉刷前，先对要粉刷墙面的垂直度、平整度做一统测，将其厚度平均值做成水泥塌饼，作为粉刷的标准厚度控制。

3) 粉做墙面的构造构件

(1) 粉做压顶出线(山墙压顶、围墙压顶、女儿墙压顶)。压顶的粉刷砂浆：用1:3水泥砂浆刮糙前先清理砖基层、浇水湿润，先粉侧面糙坯，两边可同时进行。用1:3水泥砂浆在压顶侧面从上到下粉做糙坯，校正后，用麻线紧靠糙坯面拉出直线，再沿直线添粉侧面水泥砂浆，砂浆宽度应超出压顶面20～25mm，包括压顶下口，待稍硬后，用直尺刮平刮直侧平面，并且随刮随洒水，定出侧面糙坯宽度尺寸。

(2) 用墨斗在侧面粉刷层上弹出上下两条等距宽斜直线，将直尺上口靠在线上，用铁板沿直尺切掉多余糙坯料使其成平整直线。切割时，应向里切出斜直面(45°～60°)便于面层糙坯粉刷。下口则须有倒扎口。

刮糙面层时，从下到上铺摊好砂浆后以两侧面为基准，压顶中央略向上起拱10～15mm，截面成鲫鱼背弧形。粉好后，糙坯应打毛，线条平直，尺寸基本准确，压顶出线粉光用1:2水泥砂浆，操作顺序基本与刮糙相同。

在水泥面研光(粉光)时，应掌握好水泥的初凝期，边研光边洒水并随时补缺。

粉出线的阳角应做出小圆角。可用铁板粉圆，或用带圆弧铁板抽出圆角。粉的时候，外口应粉出鹰嘴倒扎口，形成滴水线。由于山墙压顶出线是分两面粉刷完成的，在粉做好一边后应在压顶山尖上垂直留出施工缝。

女儿墙压顶可做单面挑出墙，压顶面不用做鲫鱼背，可一斜坡向里单向坡水。

(3) 粉做水泥门、窗楣，用1:3水泥砂浆刮糙，1:2水泥砂浆粉光。门窗楣上部操作过程同做女儿墙压顶出线。底部外侧口应粉出倒扎口滴水线或新做滴水槽。

(4) 粉做水泥窗盘，用1:3水泥砂浆刮糙，1:2水泥砂浆粉光。水泥窗盘板面层的完成面应伸进窗樘子下冒内15～20mm，并低于窗樘子下冒头10～12mm。窗盘面应有向外落水的拔水，窗盘底口应粉做倒扎口的滴水线或嵌做出滴水槽。窗盘与窗樘子下口10～12mm缝隙应用油膏或结构胶嵌填凹状弧形，并缩进樘子下冒2-3mm，其余操作与粉做水泥门窗楣相似，窗樘子两侧边与外侧墙的粉刷层应坐粉在窗盘板上。

7. 外墙面粉刷

1）外墙面清理

在外墙大面积展开粉刷前，再次对外墙面进行清理清扫并用水管将整个外墙面浇水湿润。

2）外墙面刮糙

首先对外墙面用砂浆刮糙，把整个外墙面层薄薄刮一层底糙，刮糙砂浆厚度1~2mm。刮糙时铁板将砂浆压紧墙面的力度要大，在砖面上不时发出"咯咯咯"的声响，将砂浆密实嵌粉进砖墙的灰缝中，墙面上的凹陷、瘪塘等部位，即将不平整的缺陷做一次初步填平的措施。

3）墙面中段粉做水泥塌饼

水泥塌饼用1∶3水泥砂浆粉做，形状如同方锥形水泥块状。水泥塌饼面层一般为30mm×30mm呈正方形大小，由四边成45°角向墙面放大。粉做水泥塌饼纵横方向中心距1500mm左右，相互间的排列应横竖对直。

粉做水泥塌饼的具体操作：

待两头护角线水泥强度在75%以上后，用麻线紧贴在两端护角线的尖角上拉紧绷直并固定牢，然后用水泥砂浆按排列间距顺着麻线面从左向右粉做水泥塌饼，塌饼面与绷直的麻线平。做完一排后，用直尺托靠校正后，再做下排。

在下排完成后须与上排塌饼在竖向做垂直度校正（有差错时则修改下排），校正后再做下一排，直到全部完成再作整体校正（平整度用直尺、横、竖斜三方向托平，垂直度用托线板挂线垂来校正，尺长均2m）。

粉刷标准要求高的情况下，可将竖直水泥塌饼之间从上到下用1∶3水泥砂浆粉做出梯形状面窄底宽直线条，面层宽10mm左右，经校正成为墙面基准点，俗称墙面冲筋。在完成墙面各基准点后，可开始展开大面积墙面粉刷。

控制墙面粉刷层厚度，墙体粉刷层垂直度及整体平整度所依靠的水泥模块，粉刷前先对整垛墙的垂直度、平整度作一平均测绘，确定粉刷层厚度数据值。普通外墙粉刷层厚度在15～22mm之间。

4）阳角粉做护角线

用1∶3水泥砂浆在外墙阳角两侧（紧靠墙角处），按测定墙面粉刷层厚度尺寸各先粉做出水泥小塌饼一个，再用麻线紧贴塌饼厚度面，向上吊挂出垂直线并固定牢。然后用水泥砂浆在阳角两侧平面从上到下顺着垂直麻线粉做出若干只小塌饼，塌饼面与垂直麻线相平，待稍干后串联上下小塌饼，用直尺靠贴粉出两侧面小柱头，形成水泥小角柱。

在水泥砂浆初凝后将水泥角柱两平面用铁板向里斜向切割成60°角，两面斜板成Y形水泥护角线两条斜面从上到下用木蟹磨光，再上下刮直拉毛。护角线顶角尖用铁板轻压并上下抽粉出小圆角，小圆角粉做水泥护角线应掌握好水泥的初凝期。此操作方法对门窗樘及其他阳角处都可套用。完成的护角线角尖在阳角两侧都应成为垂直线。

5）第二次墙面刮糙鱼鳞状

用1∶1∶4（水泥∶石灰膏∶黄砂）混和砂浆对外墙面进行大面积刮糙，刮糙前先湿润墙面。紧靠墙根处的地面，垫铺好积灰板（便于跌落砂浆再利用）。刮糙时按水泥塌饼仓序在其中间从上到下自左向右刮糙，慎防碰坏或碰落水泥塌饼。

刮糙的砂浆面层应用刮尺基本刮平整并低于水泥塌饼或冲筋条10～12mm，再用铁板或木蟹将砂浆面层来回扇状打毛，犹如鱼鳞状，使粉刷面层增强抓附力。粉至勒脚时应空开勒脚上口50～75mm，待水泥勒脚粉好后，再用混合砂浆补粉。

6）第三次粉刷外墙面层

用1∶1∶4（水泥∶石灰膏∶黄砂）混合砂浆粉外墙面同样先湿润墙面，墙根垫好积灰板。面层粉刷时，同样按顺序从上到下自左到右。一般石库门建筑外墙粉刷不设上下分仓缝，因此在粉外墙面时，应上下一气呵成不留接头缝，施工人员应分上下排对接粉刷。

粉刷时，砂浆应略高出水泥护角线、水泥塌饼2-3mm。粉刷后用刮尺顺着水泥护角线、樘子外角、水泥塌饼或冲筋的面从上到下刮平整。在刮平砂浆面时，出现缺陷时，要用砂浆及时补上并刮直至墙面垂直平整无瑕疵。待砂浆稍硬化后上下排施工人员一手执蘸水的毛柴帚另一手拿木蟹对砂浆面层洒水。先打圈圈抹平，随抹随补缺，然后再从上到下对外粉刷面层洒水后用木蟹将粉刷面层抽拉成直流水状，上下左右对接完成外墙粉刷施工。

7）粉做外墙勒脚

用1∶3水泥砂浆刮糙，1∶2水泥砂浆粉光，用1∶3水泥砂浆在勒脚上下口做塌饼，阳角处粉做护角线。勒脚上口略收进底角10mm左右或抛脚斜线状。勒脚上口平面应里高外低约10～15mm成披水面。操作时做好塌饼护角线，刮糙坯粉光时，先用直尺靠贴在勒脚上口，粉勒脚平面和勒脚上口线。粉刮糙过程中应注意水泥初凝时间，用铁板研光时边研光边修正。

8．室内墙面粉刷

1）室内墙面在粉刷前应对该墙面作清理清扫处理并对墙面浇水湿润，出清垃圾并在墙脚根部位垫衬好积灰板。

2）在大面积粉刷前应对该墙面垂直度、平整度作一统测，取出平均值数据，定出墙面砂浆粉刷层厚度尺寸（内粉刷砂浆的平均厚度一般控制在15～22mm）。用1∶3水泥砂浆先对该墙面上的阳角位置，包括门窗樘阳角部位，粉做水泥护角线。墙中间段粉做"小塌饼"，并根据情况可将竖向水泥塌饼串联起来粉做成水泥小柱头的冲筋状（具体操作过程可参照外墙粉刷章节）。

3）用1∶1∶4或1∶1∶6（水泥∶石灰膏∶黄砂）混合砂浆作内墙面粉刷层用材。墙面刮糙一层砂浆厚度在8～12mm。刮糙时铁板要用力压紧，尽量把砂浆注入灰缝内及其他缺陷部位。满刮后用直尺刮成基本平整的毛坯，用木蟹压紧打毛成鱼鳞状，隔天再粉面层。

粉刷砂浆略高出阳角线及水泥塌饼或冲筋，再用长刮尺顺阳角线水泥塌饼的表面刮平，边刮边用砂浆填补粉刷层跌落的缺陷。整个墙面刮平整后再用木蟹打毛，隔天再砂浆粉刷面层用。

粉刷面表层，选用薄口铁板粉刷纸筋石灰膏面层，粉时用力压紧铁板下的纸筋石灰膏，而且来回幅度要大，必须来回抹粉。纸筋石灰膏厚度控制在1～1.5mm，边粉边研光表层，最后用沾水排笔来回拖刷，将铁板痕迹及接头缝拖刷和顺。

需要注意的是室内墙面踢脚板若用水泥粉刷时（包括室内水泥台度），在墙面刮糙时用1：3水泥砂浆。先对踢脚板部位或台度位置刮糙并应超出其部位高度20～30mm，然后在大面积混合砂浆粉刷时与水泥砂浆刮糙层接平，再用1：2水泥砂浆粉做踢脚线或台度面层并砑光。室内踢脚线高度一般为100～150mm，厚度凸出墙面10～15mm，直角平口。水泥台度一般高度为1200～1500mm，凸出墙面与踢脚线相同，操作过程，可借鉴外墙勒脚施工。

9. 板条墙体

1）板条墙种类

板条墙一般应用于室内分隔墙，也可用于室外墙体（如石库门二层前楼，东西厢房面向前天井的外墙，屋面老虎窗外墙等），但不适宜作底层外墙面。板条墙有双面板条墙、单面板条墙及板条墙面层加钉钢丝网的多种样式。板条墙粉刷层有砂浆粉刷基层，表层用春光纸筋石灰膏粉面衬光。

卫生间、厨房间等出现的板条墙在基层面外黏贴面砖、瓷砖等装饰层。

2）板条墙用料

撑筋主龙骨一般选用洋松的"二四料"（50mm×100mm方木）或"二三料"（50mm×75mm方木）。当板条钉在外墙或卫生间隔墙时，面层钉钢板网。基层三合细混合砂浆，面表层为纸筋石灰膏或面砖等。

3）撑做板条墙基层

用墨斗线在地面上弹出板墙的外包轮廓线（I形直统线、L形角尺线、Z形三弯线等），将木龙骨下槛顺着板条墙放置的外包线固定在地面上靠墙一端。用线垂在墙面上引弹出垂直线，在远离墙面的板条墙阳角点或外包面，用线垂在平顶上引吊出若干个垂直点，将点连接弹出相应地面上的轮廓线，用木龙骨上槛固定在平顶下方，然后再撑竖筋龙骨，先撑开始端的竖龙骨，再撑转角竖龙骨及收头的竖龙骨，以每档400mm的中心距向中间段撑出竖向龙骨，并在竖向龙骨间隙内从下到上以每一米高度增撑一道横向支撑龙骨，以增强板条墙刚度。

板条墙内设有门窗樘时，应根据门窗樘位置在其门窗樘梃两边先撑两根竖向龙骨，把门窗樘固定在竖向龙骨上再撑相应的横向龙骨。钉板条上下间隙缝6～8mm板条的横向接头缝在钉置到500mm高度时应错开钉置。如板条墙一面为外墙面或面向卫生间、厨房间时应在板条的面层用骑马钉增钉一层钢丝网。在钢丝网一面的板条应一根间隔一根铺设。

4）粉刷板条墙

用1：1：4（水泥：纸筋石灰膏：黄砂）三合细砂浆刮糙，刮糙时用铁板紧压三合细砂浆并顺着板条缝隙方向游动，使三合细砂浆充分在板条缝内转角。刮糙厚度在8～12mm，用刮尺稍作刮平后隔天用1：1：4（水泥：石灰膏：黄砂）混合砂浆粉面层，用刮尺刮平整，木蟹打毛溜直，隔天用纸筋石灰膏粉光面层，并将其砑光后用沾水排笔将墙面的铁板印、接缝印拖刷和顺（图3-118）。

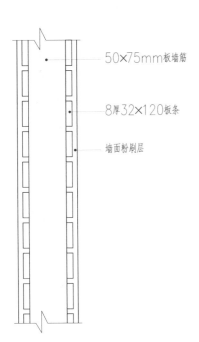
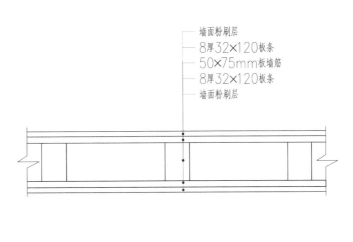

图 3-118　板条墙节点构造图

三、晒 台

1．构　造

1）钢筋混凝土扶梯或钢质楼梯。

2）钢筋混凝土地坪。

3）外墙面钢筋混凝土天沟。

4）晒台女儿墙或钢筋混凝土栏杆钢筋混凝土扶手。

5）晒台防水层。

6）附设晾晒衣服的构架。

2．钢筋混凝土晒台地坪修缮

（包括钢筋混凝土天沟）的常见病

1）晒台钢筋混凝土地坪裂缝修缮，根据亭子间顶板上渗漏水的部位，在晒台钢筋混凝土地坪上用尺丈量出渗漏水的相应位置。对比较细小的裂缝可用浇水法寻找。因水分蒸发较慢，浇水后容易显示出裂缝。

2）根据找出的裂缝用尖头钢凿沿缝隙凿出宽、深约 20mm×25mm 的底槽，再沿裂缝凿成 "V" 形缝槽，裂缝必须凿成 V形的尖端，然后将缝槽内垃圾灰尘用皮老虎吹干净并保持干燥。根据查勘设计所定修补缝的材料，按技术要求操作步骤修补裂缝施工，也适用于钢筋混凝土地坪上各种螺栓留下的孔洞，及外墙面上钢筋混凝土天沟的裂缝修补。

3）修缮晒台钢筋混凝土地坪上已呈蜂窝状的钢筋混凝土面层及在钢筋混凝土面层上已穿了孔的洞。

4）凿除已呈蜂窝状的钢筋混凝土面层并向其周边扩展深入直到凿到钢筋混凝土面层紧密处。

5）清理垃圾，浇水洗刷修缮区域内的钢筋混凝土表面。待干后，用水泥砂浆对钢筋混凝土表面接浆处理，然后用高标号细石钢筋混凝土浇筑修补。如遇松散的钢筋混凝土层面，在清理过程中把钢筋混凝土板凿穿了，则应对该处吊模后再浇筑细石钢筋混凝土，如面积较大可在亭子间下面撑好模后再浇筑细石钢筋混凝土。

6）对晒台钢筋混凝土地坪上穿了孔的

洞除清理垃圾外，应把洞口处理成上大下小的盆底形，根据洞的大小吊模或撑模，经水泥接浆后再浇筑高标细石钢筋混凝土进行修补。

3. 翻修防水层

1）铲除清理原来的防水层，修补晒台地坪的钢筋混凝土缺陷，对晒台与墙体交接的阴角部位，包括钢筋混凝土天沟，先用水泥砂浆粉出半径 20 ～ 30mm 小圆角，平整清洁晒台的钢筋混凝土地坪。

2）仔细阅读熟悉查勘设计所确定的防水材料说明，正确应用好防水材料性能，遵照施工步骤，做好防水层。铺设的防水层在遇钢筋混凝土翻口时应卷向翻边并盖在翻边面上，在与墙面相交时应由钢筋混凝土地坪面向上 300mm 处墙面上凿出 50mm × 50mm 墙槽，将防水材料卷进墙槽内再用水泥砂浆粉平，确保防水材料的效果。

四、阳　台

1. 类　别
从结构上能分三大类：
①纯木结构的阳台。
②钢筋混凝土结构阳台。
③钢筋混凝土与铸铁铁艺相结合的铁艺阳台，由于阳台处于二层以上位置，故受外力破坏概率较小，其损坏原因主要源于自然风化与腐烂。平时对这类的修缮要以养护小修为主。

2. 构　造
1）普通木结构阳台构造

木结构阳台板（悬挑格栅大料、斜撑木、楼格栅、格栅裙边条、木楼板、清水斜叉板条平顶）、阳台木柱头、木扶手木栏杆、阳台披水板屋面（三角木坡水屋架、小木桁条、披水屋面板、防水卷材等）。

2）钢筋混凝土阳台构造
钢筋混凝土阳台底板（钢筋混凝土结构板、钢筋混凝土栏杆或栏板及扶手、钢筋混凝土挑梁（牛腿）、混凝土顶棚。

3. 阳台修缮
1）木阳台修缮

①对阳台木柱头、木扶手等损坏腐烂较少的，可用同材质挖补修缮。

②对局部损坏较大的木柱、木扶手等，可采取锯掉损坏部位，用同质同截面材料修缮后再利用。

③对损坏木楼板屋面披水木板等进行凿补，修接或部分替换。

④对损坏较严重的木栏杆、木扶手、防水卷材等用同质等截面材料替换。

2）钢筋混凝土阳台修缮

①铁涨、露筋引起的混凝土装饰表层剥落。

②铸铁栏杆。

③由柳桉木或柚木制作的木扶手。

阳台顶棚修缮。

五、木门窗修缮

木门窗是石库门建筑中的重要构件，具有通风、采光、交流和装饰作用（图3-119 ～ 图3-121）。

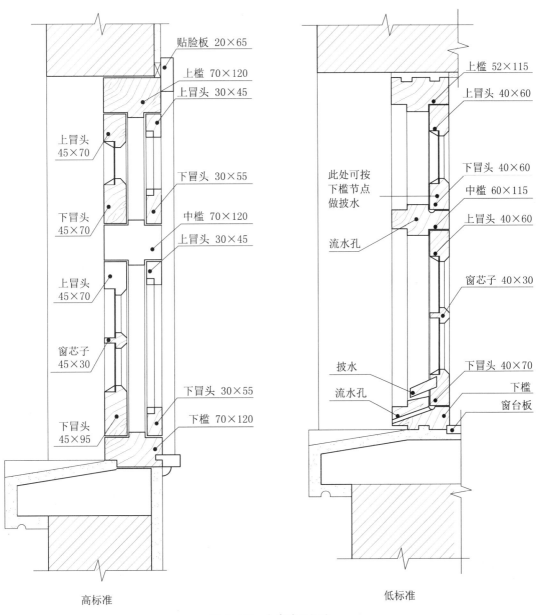

贴脸板 20×65

上槛 70×120

上冒头 30×45

上冒头 45×70

下冒头 45×70

下冒头 30×55

中槛 70×120

上冒头 30×45

上冒头 45×70

窗芯子 45×30

下冒头 30×55

下槛 70×120

下冒头 45×95

上槛 52×115

上冒头 40×60

此处可按下槛节点做披水

流水孔

下冒头 40×60

中槛 60×115

上冒头 40×60

窗芯子 40×30

披水

流水孔

下冒头 40×70

下槛

窗台板

高标准

低标准

图 3-119 木窗节点构造

147

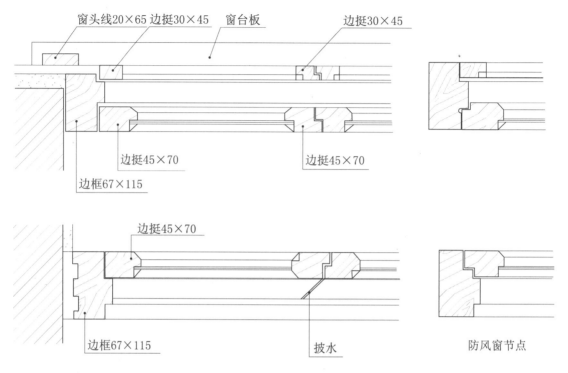

窗头线20×65 边挺30×45 窗台板 边挺30×45

边挺45×70 边挺45×70

边框67×115

边挺45×70

边框67×115 披水 防风窗节点

图 3-120 平开式玻璃窗构造图

图 3-121 木窗修补

图 3-122　接梃换冒头节点图

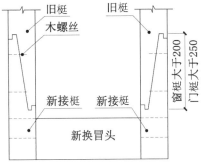

图 3-123　"套裤子"示意图

1. 木窗腐烂修补

①门窗梃端部腐烂，可局部修接（小榫头接法）（图 3-122）。

②门窗梃上端或下端腐烂，同时上下冒头也腐烂，则需接梃换冒同时进行。如果两边梃均腐烂，就要接两根梃，换一冒头，这种修法俗称"套裤子"（图 3-123）。

③有玻璃的门窗在接梃换冒前，必须小心卸下玻璃。可先用小钢凿沿玻璃边缘轻轻地把四周油灰铲尽。凿时钢凿应贴着窗梃或窗芯侧面，不可贴在玻璃上移动。油灰铲尽后，把固定玻璃的钉子拔出，然后小心将玻璃卸下。

2. 常规玻璃窗扇修缮工艺系列图解

①窗扇的分解、组合图（图 3-124、图 3-125）。

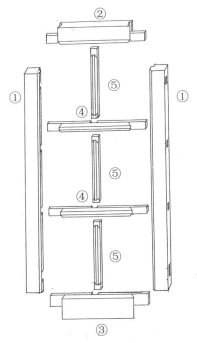

窗扇各构件名称

构件名称　　用料规格（净）

①窗扇窗梃　　（45×70）

②窗扇上冒头　（45×70）

③窗扇下冒头　（45×95）

④窗扇横芯子　（45×30）

⑤窗扇直芯子　（45×30）

图 3-124　木窗扇各构件名称

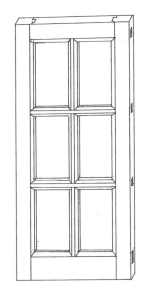

图 3-125　组装后木窗示意图

149

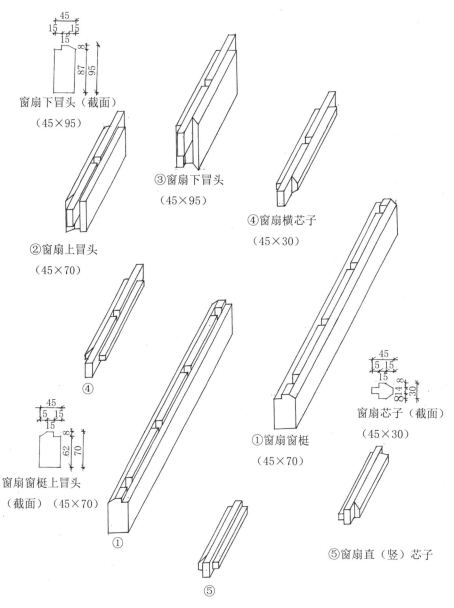

窗扇下冒头（截面）
（45×95）

③窗扇下冒头
（45×95）

④窗扇横芯子
（45×30）

②窗扇上冒头
（45×70）

④

窗扇窗梃上冒头
（截面）（45×70）

①窗扇窗梃
（45×70）

窗扇芯子（截面）
（45×30）

①

⑤窗扇直（竖）芯子

⑤

图 3-126　木窗各构件分解图

②窗扇的各构件名称及截面用料规格（图 3-126）。

③窗扇拆装整理及局部挖补（图 3-127）。

④窗扇小修：接一梃、换一冒、换一梃（图 3-128 ～图 3-133）。

⑤窗扇中修：接一梃、换一冒、换一梃、换一冒（图 3-134 ～图 3-137）。

⑥窗扇大修：接两梃、换一冒、修换三个构件（图 3-138 ～图 3-140）。

⑦窗梃工艺构造的修接法（图 3-141 ～图 3-145）。

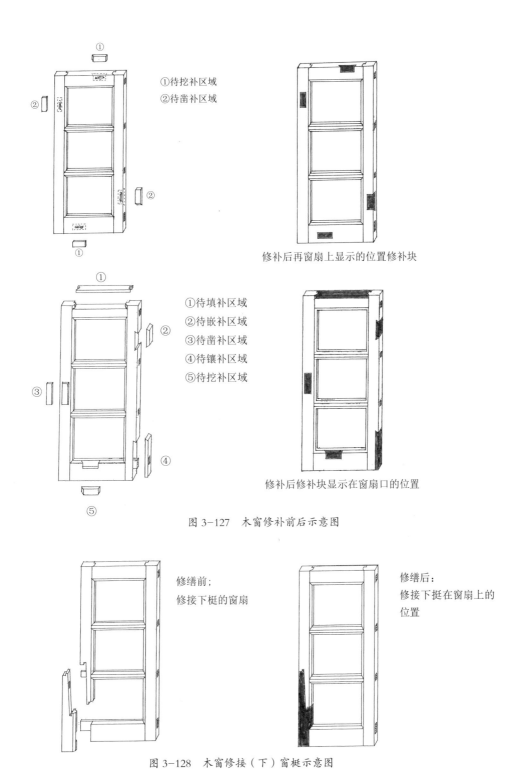

①待挖补区域
②待凿补区域

修补后再窗扇上显示的位置修补块

①待填补区域
②待嵌补区域
③待凿补区域
④待镶补区域
⑤待挖补区域

修补后修补块显示在窗扇口的位置

图 3-127　木窗修补前后示意图

修缮前；
修接下梃的窗扇

修缮后：
修接下挺在窗扇上的
位置

图 3-128　木窗修接（下）窗梃示意图

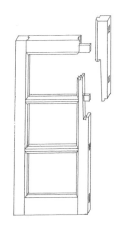

修缮前：
修接上框的窗扇

修缮后：
修接上框显示在
窗扇上的位置

图 3-129　木窗修接（上）窗框示意图

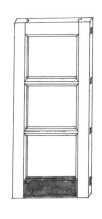

修缮前：
修换下冒头窗扇

修缮后：
修换下冒头
后显示在窗
扇上的位置

图 3-130　木窗修换（下）冒头示意图

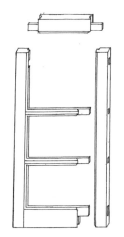
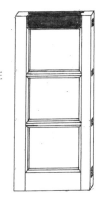

修缮前：
修换上冒头窗扇

修缮后：
修换上冒头后显示在
窗扇上的位置

图 3-131　木窗修换（上）冒头示意图

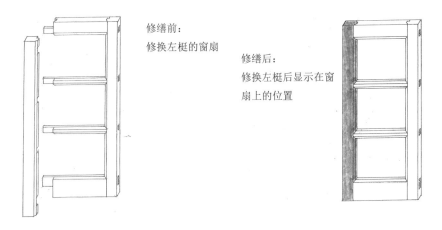

修缮前：
修换左梃的窗扇

修缮后：
修换左梃后显示在窗
扇上的位置

图 3-132　木窗修换（左）窗梃示意图

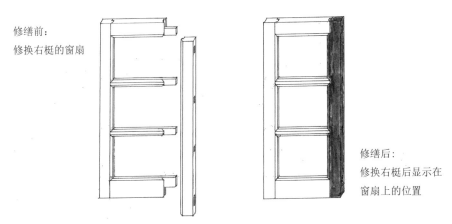

修缮前：
修换右梃的窗扇

修缮后：
修换右梃后显示在
窗扇上的位置

图 3-133　木窗修换（右）窗梃示意图

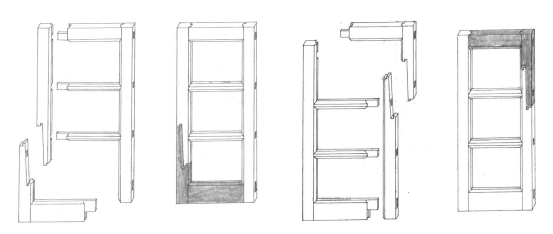

图 3-134　木窗修接一梃换一（下）冒头示意图　　　　图 3-135　木窗修接一梃换一（上）冒头示意图

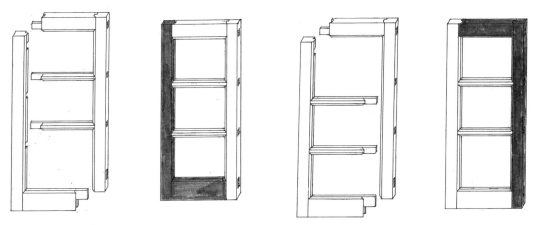

图 3-136　木窗修接一梃一（下）冒头示意图　　　　　图 3-137　木窗修换一梃一（上）冒头示意图

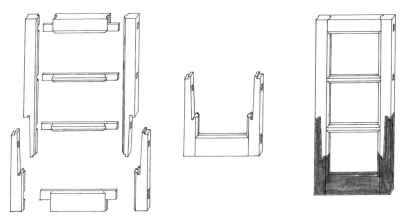

图 3-138　木窗修接两梃换一（下）冒头（"套裤子"）示意图

图 3-139　木窗修换一（左）梃一
　　　　（上）冒头示意图　　　　　　　　图 3-140　木窗修接两梃换一（上）冒头（"套裤子"）示意图

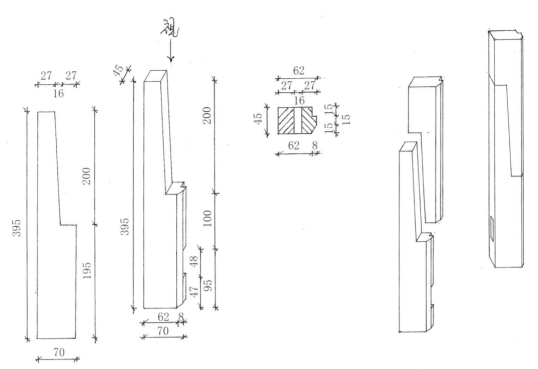

图 3-141　木窗简易（无榫卯平肩式）修接件与成品构件尺寸示意图

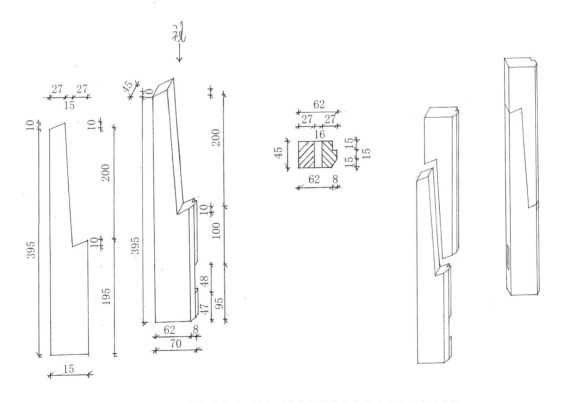

图 3-142　木窗简易（无榫卯斜肩式）修接件与成品构件尺寸示意图

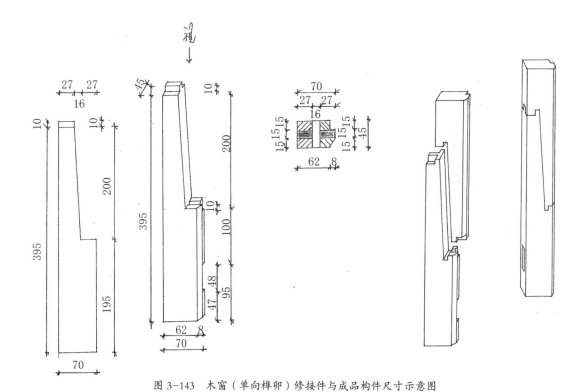

图 3-143　木窗（单向榫卯）修接件与成品构件尺寸示意图

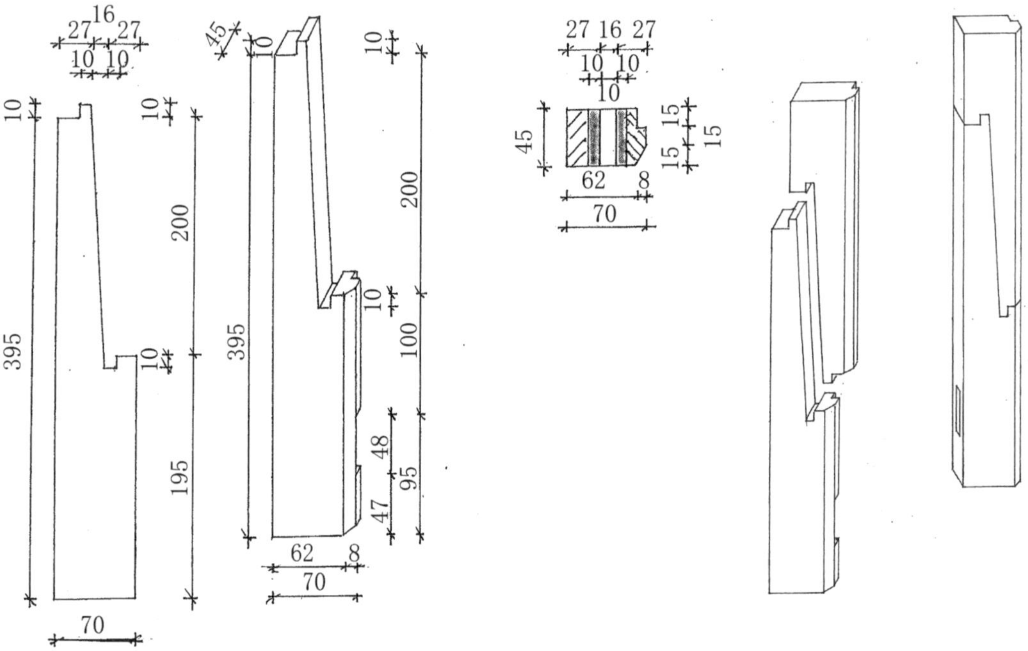

图 3-144　木窗（双向榫卯）修接件与成品构件尺寸示意图

156

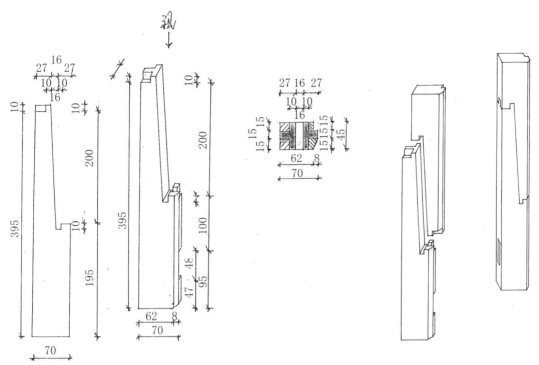

图 3-145　木窗（三向榫卯）修接件毛坯与成品构件尺寸示意图

3. 百叶窗

木百叶窗是窗扇的一种样式，根据制作及用途的不同可分为两款。活络百叶板的为"软百叶窗"，固定百叶板的为"硬百叶窗"。

木百叶窗用料讲究，一般用柳桉木、柚木等高档木材，久经日晒雨淋不易变形。木百叶窗制作工艺较复杂，尤其是制成小木片的百叶板，安装时也是牵一发而动全身。木百叶窗做工精细考究，因此在长期使用过程中不至于走样而且开关灵活。软百叶窗是安装在玻璃窗的外层面，能遮阳避热且通风。硬百叶窗可单独安装或依附在门扇内及其他木构件内使用（图 3-146～图 3-149）。

（1）百叶窗修缮

百叶窗的修缮以调换部件为主，对损坏部件用同质、同截面、同施工工艺的操作手法进行调换，并注意不损坏其他部位，特别是百叶板。

（2）安装百叶窗扇（以常规玻璃双窗樘为例）

因为玻璃窗扇为里平里开，所以装有百叶窗扇的樘子立樘时常规为里平。这样可以减少外开百叶窗对外部的影响（尤其底层外立面墙上的外开窗）。有的也有将双扇窗的窗扇改做成四扇（将窗扇折叠藏匿在墙身内，可最大限度降低对外影响），成为两扇一组联体双扇窗。安装时用 3.5 英寸铰链装百叶窗，每扇窗装三副铰链（窗扇长而重）。可安装法兰西长插销或其他插销及相关风钩。

（3）软百叶窗（活络百叶板款式）的制作、安装

软百叶窗（包括阳台外的软百叶门）选用木料有柳桉木、柚木等。选用的材料规格，窗梃、窗上、中冒用二三料（50mm×75mm），下冒用二四料（50mm×100mm），百叶板

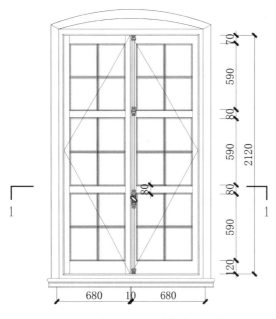

图 3-146 百叶窗外立面图

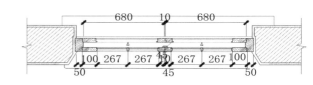

图 3-147 （百叶窗）1-1 剖面图

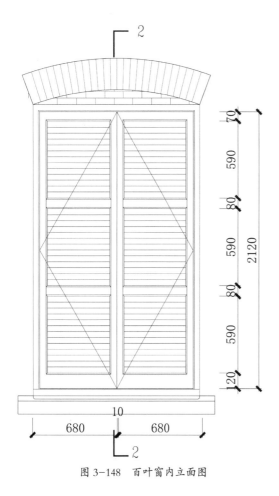

图 3-148 百叶窗内立面图

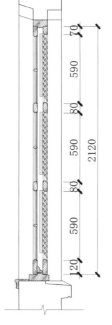

图 3-149 （百叶窗）2-2 剖面图

用 3 英分厚 3 英寸宽（9mm×75mm）板材，猢狲棒用 6 英分 ×1 英寸（20mm×25mm）截面木条。

（4）硬百叶窗（固定百叶板款式）制作安装

硬百叶窗（包括门内格仓硬百叶）选用木料除柳桉木、柚木外，还可根据百叶窗使用部位选用洋松木料。硬百叶窗的百叶板根据使用需要（45°～60°），不闭合的百叶板固定在窗扇上或窗樘子上（包括门及门内的格仓）。主要功能是在安装位置一定范围内流通空气并遮阳、防雨水。山墙上屋面与平顶隔层部位的硬百叶窗、仓库墙面上端透气窗、底层架空地板地垄墙透气孔、卫生间及厨房间门扇内下端硬百叶透气孔等选用材料规格按百叶窗使用情况、所在位置来确定。

①硬百叶板直接安装在窗樘子上（樘子直接替代窗扇的硬百叶板框）

应用范围：

外山墙上屋面与平顶隔层部位上的透气窗，仓库外墙上端地垄墙的透气孔。以外山墙上的透气硬百叶窗为例，可用洋松木做樘子及百叶板，樘子净料规格 45mm×70mm，百叶板净料规格 15mm×90mm。樘梃大面（70mm）安装百叶板，百叶板斜角 45°，百叶板之间净距 20～25mm。百叶板最上一块与最下一块的边缘必须紧贴樘子上、下冒头的外边缘，樘子的两根梃应做出每块百叶板的槽条，槽条深度 8～12mm，每根槽条内还应凿出宽 15mm、长 30mm、深 12～15mm 的半眼。

每块百叶板应锯出相应的榫头，百叶板宽度在百叶窗未成形前应宽出樘子梃的

两侧面。百叶板两头截面应平服地嵌入两根梃的槽条内，包括榫卯结合。当百叶板与樘子合拢校正后将凸出梃侧面的百叶板刨平于窗梃，按立樘子操作法将硬百叶窗安装在所在位置。

②硬百叶窗（格仓）安装在门扇内，应用范围如：卫生间、厨房间及需透气的场所。门扇内硬百叶窗（格仓）的材质与门料材质相同，材料规格根据门扇形状对硬百叶需求面积大小及装饰要求而定，做法与硬百叶窗樘子相似，也可用钉了固定百叶板。

制作过程

①将所取毛坯木料精加工成各自所需截面净尺寸，把百叶板截面加工成单向鲫鱼背下端成薄片状，猢狲棒截面加工成梯形。

②（以一扇窗为例）整个窗扇划线，在窗梃上划出拼装冒头榫头的眼子线，安装百叶板半眼圆榫眼子线及安装百叶板的挖铲铲口线，上、中、下冒头上的榫头线，百叶板半眼圆榫线。

③根据窗扇划线，凿窗梃眼子，锯上、下冒头百叶板榫头，注意加工精密度特别是百叶板的眼子与榫头。

④在整体拼装窗扇前，先将羊眼圈安装在百叶板上口中央位置上再进行整体合拢。用木榫头把窗扇整牢，注意窗扇方正及平整度（不翘裂），然后在猢狲棒上按尺寸安装事先开了口的羊眼圈。待全部套进百叶板羊眼圈连成串后，经校正无误（拉下猢狲棒时百叶板全部开启，放掉后百叶板全部关闭）再闭合猢狲棒上的全部羊眼圈。

4. 石库门修缮

石库门构造: 由石条门框、实木门扇、艺术外门套等三大部分组成 (图 3-150 ~ 图 3-152)。

2) 石库门各部位构件

石库门的石条门框樘是由 4 根石条垒叠组合而成, 分别为:

(1) 上冒桥厢压顶石条 1 根。

(2) 贴地下门槛石条 1 根。

(3) 竖直门樘梃石条 2 根。

(4) 石库门门扇是由实木洋松片子板

拼合而成的双扇木门, 包括独立竖直门栓及横插销门栓。

3) 石库门附件

(1) 铜质草帽形底座圆环形拉扣一对。

(2) 铜质外环正圆内含三叶孔及三叶片 (闭启式) 望亲器一只 (对外观察器)

(3) 铁质上下摇梗套箍各两个。

(4) 铁质草帽钉两个。

(5) 铸铁铁舀两个 (俗称铁豆腐干)。

4) 石库门艺术外门套

(1) 挑砌 2.5 英寸 (60mm) 艺术砖

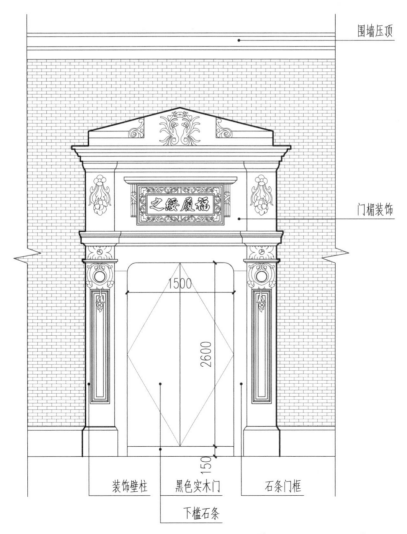

图 3-150 石库门立面示意图

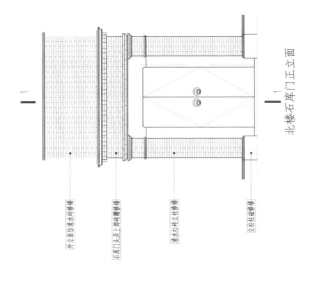

北楼石库门正立面

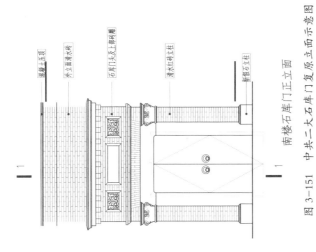

南楼石库门正立面

图 3-151 中共二大石库门复原立面示意图

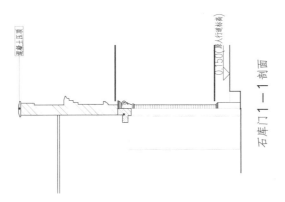

石库门 1—1 剖面

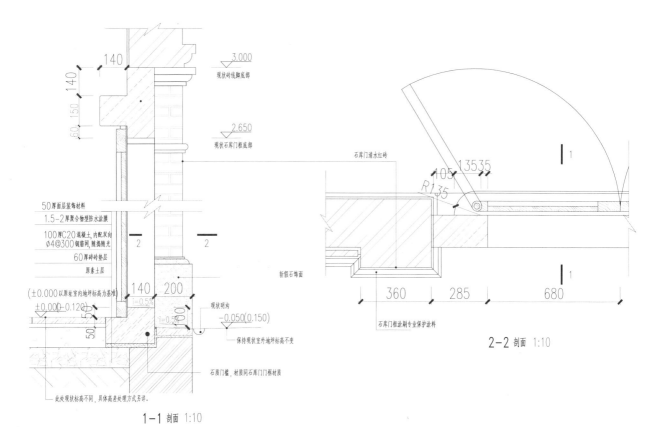

图 3-152　中共二大石库门复原节点图

墩两只（清水或汰石子饰面）。

（2）挑砌艺术门楣一个。

（3）粉做或雕塑门楣内的艺术花版图案。

5）石库门石条门框樘制作

（1）石材选定

在上海地区做石库门石条框樘的石材一般都选苏州地区出产的花岗岩石料，称为金山石的条形石材居多。

（2）构件用料规格

石库门门框樘的四根石条选用整体石材凿制而成。各建造商对石库门大小构件截面尺寸有基本约定。现以张园一樘石库门为例。石库门洞口尺寸 1500mm×2700mm，框樘四根条石截面尺寸分别为框樘上冒桥厢形压顶石条 400mm×400mm（净毛坯需加工成构件成品），两根框樘桄条石柱 200mm×250mm，一根贴地框樘下槛石条 150mm×400mm（净毛坯需加工成构件成品）。上、下槛石条长度与门框樘外包宽度同长，门框樘总高扣除两上下石条槛的厚度，就是框樘竖向石柱的净长度。

（3）石库门石条门框樘构件制作加工

在各构件制作加工前将所有构件的截面尺寸、用料长度及所需数量，预先发给石材供应商，将所需石材加工成毛坯，然后运抵工场，由石匠师傅按图纸所示尺寸，在石材毛坯上弹线放样，并按构件之间的节点构造要求，加工制作，精心凿雕。

（4）石条门框樘上冒头压顶石条制作加工

将 400mm×400mm 截面的石条弹线，

先凿制出 150mm 宽、200mm 深的 L 形凹槽（含石框樘铲窝口）。将底宽 250mm 的侧面从两头向里 300mm（与框樘石条柱同厚）划出断直线并向上引直角线，在两头直角线段中点划出 150mm 的线段，两头联结弹出直线并在两头直角线内侧画出 φ150mm 的四分之一圆弧线。按线凿掉多余石料并加工出两个四分之一夹角圆弧条石，两端加工成 250mm×300mm、高低 150mm 的座礅，礅子侧面外观像桥厢。然后在 150mm×200mm 的铲窝口向上在其两端各向里凿制出一个 φ50mm 深 100mm 的石孔（装门摇梗），铲窝口正中央偏左 50mm 处凿制 60mm×80mm、深 75mm 的方孔（竖直门向的插入孔），加工好的石条构件须三面光洁平整。

（5）石条门框樘贴地下槛石条的制作加工

将 250mm×400mm 的条石弹线凿制加工出宽 150mm×高 30mm 通长的铲窝口，其一面宽 250mm 的面对向石框梃的石条柱宽度，铲窝口正中偏左 50mm 处向下凿制 60mm×80mm、深 40mm 的方孔（竖直门闩的坐着孔）。

（6）石框樘梃条石加工凿制

石框樘梃条石加工凿制宽 250mm×厚 200mm 的条石柱，立面平整光洁。

（7）石框樘节点构造

石框樘各节点构造按工艺要求加工制作（如：锅底状的浅微的凹凸状等）。

6）石库木门扇安装

（1）组装前编号组合

由于石条门框樘的各石条构件均为人工凿制加工而成，批量生产的同种构件虽外形相似但各存小异。每樘石条门框樘的

石条构件安装时，都需经过严密试配修正、编号组装。

（2）石条门框樘安装

石库门石条门框樘石条构件自身份量重，石材之间无法粘接，技术要求高，安装难度大，一般都依靠石匠来完成安装。首先保持贴地的下槛石条用砂浆砌在天井围墙基础墙上，校正水平平整度后，竖立两根樘子梃石条，校准两个面的垂直度并作微调修正（可将石柱移位微微凿去在下槛石柱座中的石梢层），并将其立稳。然后安装上冒头桥厢形石条，将桥厢形石条两端下面（150mm）的石礅正确坐放在两根石条梃上端，校正扣稳扣牢，依靠自身重量使整个石库门石条门框樘站立，用木杆稍固定，石条门框樘随砖墙砌筑。

7）石库门的实木门扇制作

实木门扇及使用功能的构件：

①实木板材。

②木穿件。

③上下摇梗铁箍。

④铁豆腐干。

⑤竖直木门栓。

⑥横木门栓。

⑦铜质拉扣环。

⑧铜质望亲器。

8）实木门扇选用材质与规格

实木门扇以洋松木料为材质，多采用 2×6 英寸（50mm×150mm）或 2 英寸×8 英寸（50mm×200mm）的洋松片子板，木穿件 4 分半×1 英寸 6 分（15mm×45mm）。木板根据双扇石库门门扇宽度、高度和用材，计算出用料规格、块数及长度。在落料时应对上下木摇梗最外档一块的片子板放长 150～180mm，以便木摇梗与木门保

持联体。木穿件落料按门扇宽度放长50mm落料（每扇5根）。

9）实木门扇制作

①将已落好选定的洋松片子板精加工细刨到截面所需净尺寸。

②排列好各洋松片子板，在长度上按构造要求分别划出安装木穿的5根眼子线，注意对做上下木摇梗的片子板，须对准向上向下放长的位置，再统一画出5根眼子线。

③用凿子将每块片子板上的眼子孔打穿。

④精做片子板拼缝的接缝构造（高低缝或企口缝），缝深度一般为12mm（4分）。

⑤精加工刨制出木穿件，每扇5根。

10）拼装实木门扇

①先把放长了的一块片子板（要做上下木摇梗）放地上（眼子孔朝上），两头和中间各垫50mm厚木块若干，把5根木穿件涂上胶水后分别打插进5个眼子里并伸出片子侧平面10～20mm，将插进眼子的木穿件与片子板保持垂直。

②将第二块片子板的眼子孔对着5根木穿件由上向下（第一块的片子板）顺着往下敲打，在距下块片子板100～150mm处在木穿上刷涂层胶水，然后再向下与下面片子板镶拼密实。以此类推直至完成门扇拼装，由此在这5根木穿件串联固定下，使拼制成的门扇会更结实厚重。

③将拼制好实木门扇的两面刨至平整光洁。两扇门的中缝刨出高低叠缝，做出上下摇梗（上摇梗 φ45×100～120mm，下摇梗 φ45×25～30mm），靠木摇梗一边，内侧刨成 φ45 的半圆柱状。

11）石库门木门门闩

（1）竖直木门栓用3英寸×4英寸（75mm×100mm）洋松木做，100mm的大面两边刨成大圆角，上端做出60mm×90mm×长100mm的木榫（插入石库门上冒桥厢形石条的门闩孔内），下端做出60mm×90mm×45mm的木榫（坐在石库门下槛石条的门栓孔内）。

（2）横插门栓由45mm×60mm长200mm的洋松木柱经加工成弓状的两根门栓杻，再有45mm×60mm长400mm的洋松木加工成两端榫头的门插栓。

12）安装石库门双扇实木门

（1）石库门双扇实木门采用木摇梗开关，用靠樘里开门的安装法（即门扇不进门樘子框内，靠贴在门樘外侧面关闭）。

（2）先将实木门扇上下木摇梗套装上铁制套箍（铁套箍尺寸 φ50，上铁箍长100mm左右，下铁箍长40mm）。

（3）把长出铁套箍的摇梗木锯平与铁套箍外平。

（4）把转动门扇的转动轴铁器"草帽钉"钉入下摇梗铁套箍中心位置，铁草帽边沿与铁套箍钉平，露出中心位置草帽头（即转动开关轴的草帽头钉子）。

（5）竖起门扇，将门扇的上摇梗从斜向里插进石条门框樘上冒石条的摇梗孔内，扶垂直后向上抬升，使下摇梗的铁草帽钉的头子坐扎实，在预先埋放在下槛石条里的铁豆腐干的半圆凹孔内（一块铸铁做成厚25mm×45mm×45mm方的铁臿中间有 φ15 的半圆凹孔）。

（6）双扇木门就位后，对双扇门开关灵活度、平整度、两扇门之间契合度等的进行调整，直到符合标准后将微调的铸铁豆腐干用水泥砂浆窝实。

13）实木门扇附件安装

（1）竖直门栓柱（75mm×100mm×长度的洋松木材），门闩柱上下各做出榫头构造，上端长100mm左右插进石条门框樘上冒石条的门栓孔内，下端长30～40mm坐进下槛石条的门栓孔内。竖直门栓柱安装在左扇门（天井内向外看）中缝线的左边，是限止左扇门开关的构件。

（2）横向木门栓一套（两个木门栓套柤，一个木门栓横插销）安装在右扇门中缝边，高度约1300mm的水平位置。木门栓横插销前端木榫插头插进竖直的门闩柱内后，可使整个双扇实木门全部锁闭。

（3）铜质望亲器（φ100三孔双层圆盘形内芯装有可旋转开闭的铜质三菱叶片的向外观察器）安装在左扇门由天井内向外看宽度中心约1500mm的位置上。

（4）φ150铜质拉扣环一对（既可当作关闭门扇的拉手，又可当作来访客人敲门的击打器），安装时在双扇门（外侧面）中缝线各自向门扇内150mm，高度约1200mm为中心点，安装拉扣环需注意双扇门闭合后，两拉扣环之间高低的水平线。

（5）双扇实木门安装"司必灵锁"（门锁）。

14）石库门修缮

石库门的石条门框樘如无特大外力打击一般不易损坏，历年来也很少有对石库门石条门框修缮调换的记录。

石库门的实木门扇一般易损坏的部位：

（1）上下木摇梗

（2）门扇上端约100mm部位及门扇下端300mm部位，还有竖直门闩柱下端100～150mm部位，主要以腐烂为主。

（3）修缮方法

①对木摇梗木门栓用同质同截面木料采用榫卯组合修接。

②对门扇上部100mm部位采用两头45°夹角的拍冒头修接。

③对下部300mm部位采用套裤子的修接法（即预先做好2根绑接的梃并作出宽300mm的阔冒头，经榫卯联结成一体后覆盖在腐烂部位。画出截去部位，锯掉腐烂部位，用榫卯结合方法镶嵌在实木门下端部并钉牢，将修接部位加工，与原部位连为一体。）。

五、楼梯间

石库门楼梯大体可分为对跑型、直跑型、曲折尺型等几种。现以张园对跑楼梯、曲尺楼梯为例加以说明。楼梯间的地面：底层一般是水泥地坪，二层则是企口木楼板。底层为木格栅平顶，二层为吊平顶。楼梯间的楼梯排法上下梯段不等分，上下梯段尺寸大小按现场实际情况决定，梯段宽度约900mm，设楼梯木柱三根，木扶手两根。扶梯木栏杆按踏步数，木楼梯起步段紧靠客堂间北面落地塞板门，距立帖填充墙1400mm左右（客堂双扇门旁）起第一步，8步后至1150mm左右宽的休息小平台，然后180°转弯相反向上到二层楼面，扶梯木柱、扶手、栏杆随楼梯踏步上升向上安装在二层的楼梯空间位置外，组装曲尺型（木柱到转角砖墙内）扶手带栏杆（扶梯间休息小平台下做储藏室）（图3-153～图3-165）。

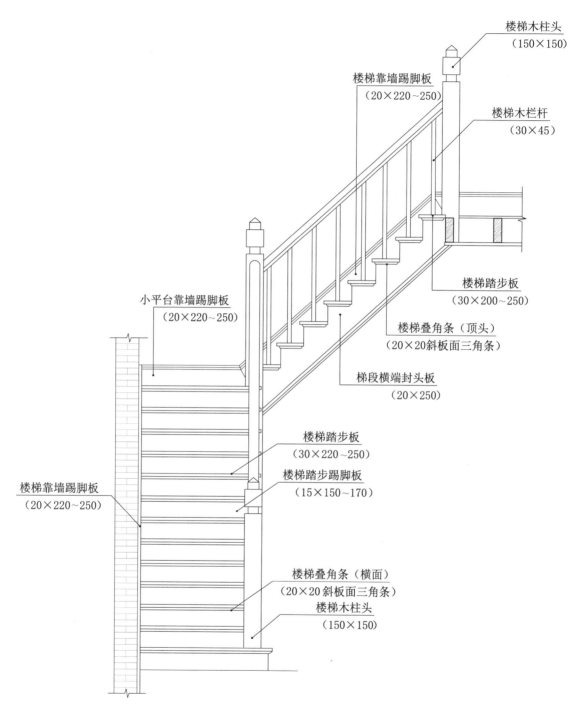

楼梯木柱头
（150×150）

楼梯靠墙踢脚板
（20×220～250）

楼梯木栏杆
（30×45）

楼梯踏步板
（30×200～250）

小平台靠墙踢脚板
（20×220～250）

楼梯叠角条（顶头）
（20×20斜板面三角条）

梯段横端封头板
（20×250）

楼梯踏步板
（30×220～250）

楼梯踏步踢脚板
（15×150～170）

楼梯靠墙踢脚板
（20×220～250）

楼梯叠角条（横面）
（20×20斜板面三角条）

楼梯木柱头
（150×150）

图 3-153　石库门曲尺转角楼梯立面图

166

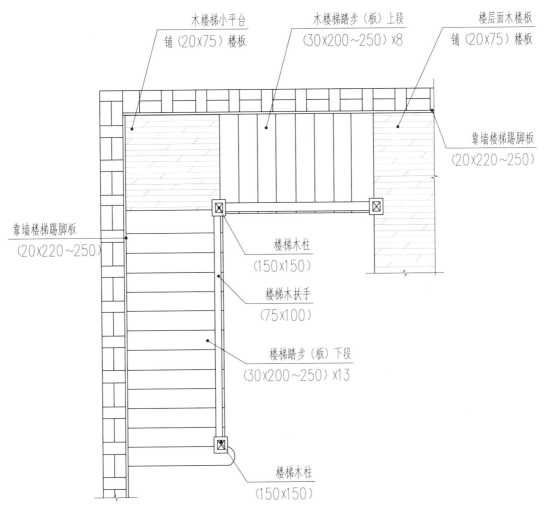

木楼梯小平台
铺 (20x75) 楼板

木楼梯踏步（板）上段
(30x200~250) x8

楼层面木楼板
铺 (20x75) 楼板

靠墙楼梯踢脚板
(20x220~250)

靠墙楼梯踢脚板
(20x220~250)

楼梯木柱
(150x150)

楼梯木扶手
(75x100)

楼梯踏步（板）下段
(30x200~250) x13

楼梯木柱
(150x150)

图 3-154 曲尺转角楼梯平面图

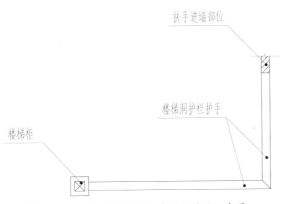

扶手进墙部位

楼梯洞护栏护手

楼梯柜

图 3-155 二层楼面楼梯洞木护栏平面示意图

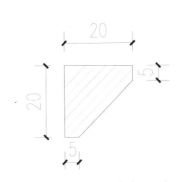

图 3-156 楼梯踏步叠角条截面示意图

167

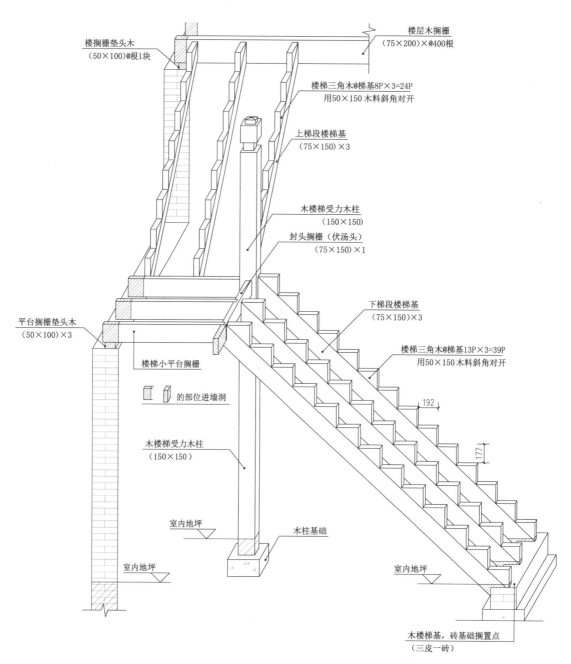

楼搁栅垫头木
（50×100)@根1块

楼层木搁栅
（75×200）×@400根

楼梯三角木@梯基8P×3=24P
用50×150木料斜角对开

上梯段楼梯基
（75×150)×3

木楼梯受力木柱
（150×150）

封头搁栅（伏汤头）
（75×150)×1

下梯段楼梯基
（75×150)×3

楼梯三角木@梯基13P×3=39P
用50×150木料斜角对开

平台搁栅垫头木
（50×100)×3

楼梯小平台搁栅

的部位进墙洞

木楼梯受力木柱
（150×150）

室内地坪

木柱基础

室内地坪

室内地坪

192

177

木楼梯基，砖基础搁置点
（三皮一砖）

图 3-157　曲尺转角木楼梯木工翻样构造图

168

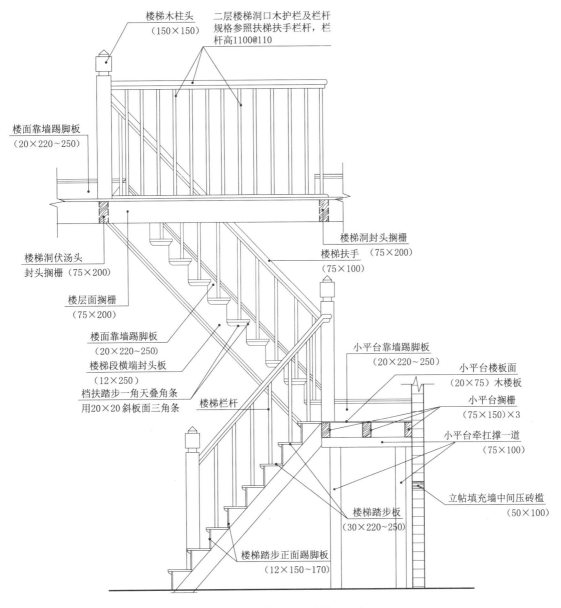

楼梯木柱头
（150×150）

二层楼梯洞口木护栏及栏杆
规格参照扶梯扶手栏杆，栏
杆高1100@110

楼面靠墙踢脚板
（20×220～250）

楼梯洞封头搁栅

楼梯扶手
（75×200）

楼梯洞伏汤头
封头搁栅（75×200）

楼层面搁栅
（75×200）

楼梯扶手
（75×100）

楼面靠墙踢脚板
（20×220～250）

楼梯段横端封头板
（12×250）

小平台靠墙踢脚板
（20×220～250）

小平台楼板面
（20×75）木楼板

档扶踏步一角天叠角条
用20×20斜板面三角条

楼梯栏杆

小平台搁栅
（75×150）×3

小平台牵扛撑一道
（75×100）

楼梯踏步板
（30×220～250）

立帖填充墙中间压砖槛
（50×100）

楼梯踏步正面踢脚板
（12×150～170）

图 3-158　石库门对跑楼梯立面图

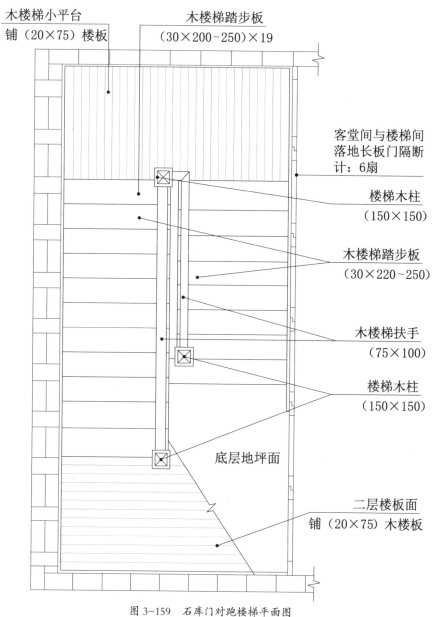

木楼梯小平台
铺（20×75）楼板

木楼梯踏步板
（30×200~250）×19

客堂间与楼梯间
落地长板门隔断
计：6扇

楼梯木柱
（150×150）

木楼梯踏步板
（30×220~250）

木楼梯扶手
（75×100）

楼梯木柱
（150×150）

底层地坪面

二层楼板面
铺（20×75）木楼板

图 3-159　石库门对跑楼梯平面图

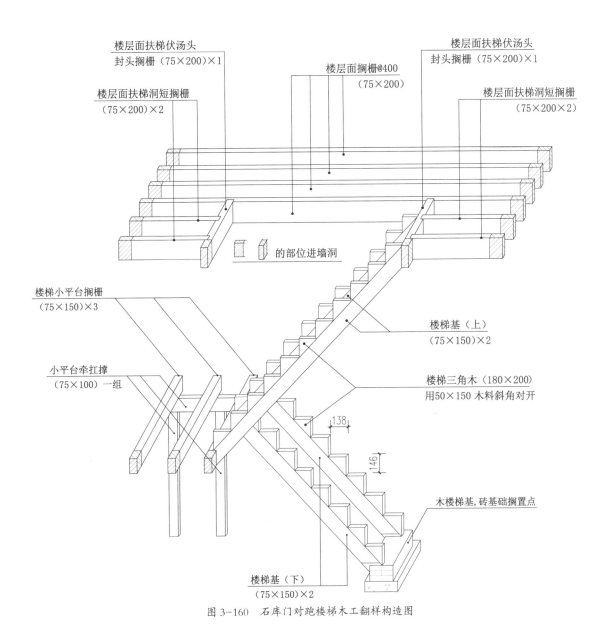

楼层面扶梯伏汤头
封头搁栅（75×200）×1

楼层面搁栅@400
（75×200）

楼层面扶梯伏汤头
封头搁栅（75×200）×1

楼层面扶梯洞短搁栅
（75×200）×2

楼层面扶梯洞短搁栅
（75×200×2）

的部位进墙洞

楼梯小平台搁栅
（75×150）×3

楼梯基（上）
（75×150）×2

小平台牵扛撑
（75×100）一组

楼梯三角木（180×200）
用50×150木料斜角对开

138

146

木楼梯基,砖基础搁置点

楼梯基（下）
（75×150）×2

图3-160 石库门对跑楼梯木工翻样构造图

171

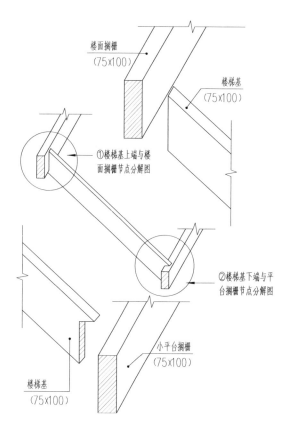

图 3-161　楼梯上梯段结构节点图

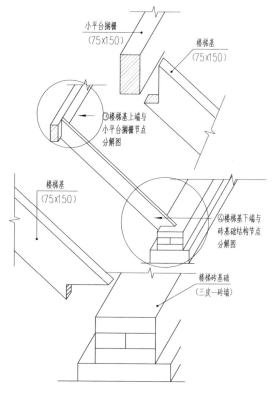

图 3-162　楼梯下端结构节点图

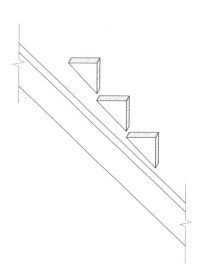

图 3-163　楼梯三角木示意图

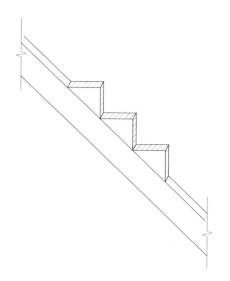

图 3-164　楼梯构造节点示意图

172

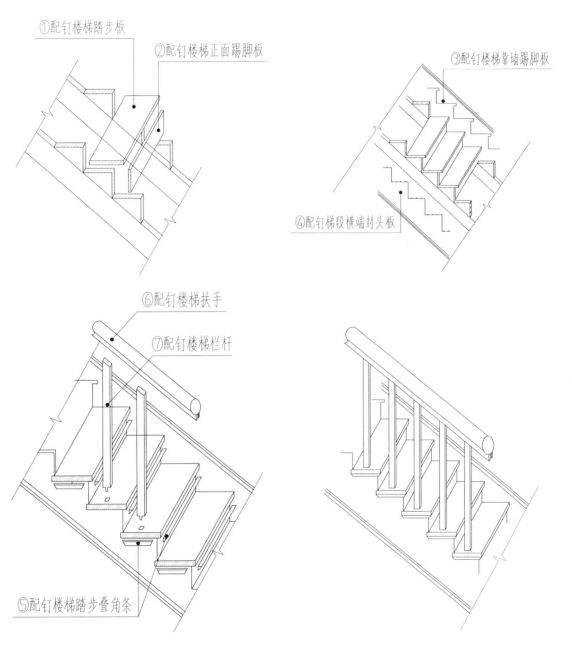

图 3-165 楼梯安装步骤示意图

附：组合楼梯各构件的名称及用料规格

1. 整座楼梯分上下两个梯段

2. 梯段中间设休息小平台一个（起到梯段起步转折点）

3. 休息小平台木格栅（用二四料 50mm×100mm）

4. 休息小平台楼板面[用 6 英分 ×（3-4）英寸企口板，20mm×（75～100）mm 企口板]

5. 扶梯基（用三六料 75mm×150mm）

6. 三角木（用三六料 75mm×150mm 斜向开料）

7. 踏步板（1.2 英寸 ×8～11 英寸），30mm×（200～280）mm

8. 踏步踢脚板（用 4 英分 ×7-8 英寸），12mm×（175～200）mm

9. 靠墙踢脚板[用 6 英分～1 英寸 ×8～10 英寸,(20～25)mm×（200～250）mm]

10. 外侧面封头板[用 3 英分薄板 ×（8～10）英寸,10mm×（200～250）mm]

11. 凸角条（用 1.2 英寸方木条斜对开 20mm×20mm 斜立面对锯）

12. 挂落木线条（用 5 英分 ×1.2 英寸料 15mm×30mm）

13. 扶梯木柱头（用 6 英寸方料 150mm×150mm）

14. 扶梯扶手（用三四料 75mm×100mm）

15. 扶梯栏杆（用 1.5 英寸 ×2 英寸料 35mm×50mm）

16. 扶梯斜平顶（平顶筋用二三料做 50mm×75mm+ 木板条子）

17. 扶梯基座基础（砖砌或浇筑素混凝土）

18. 普通石库门建的楼梯以洋松木料为主，稍高档点用柳桉木、柚木做楼梯。

六、室内地坪修缮

1. 水磨石地坪

1）水磨石的应用范围

水磨石（俗称磨石子）主要应用在底层地坪上，是在混凝土基层面上再增设一层磨光石子的装饰面层。常见于室内底层厅堂、走廊、门头等地坪，还应用在其他的装饰面层上，如：楼梯踏步、踢脚线、外墙窗裙的图案等。由于水磨石的面表层较光滑，尤其遇水后更为滑溜，因此水磨石不适宜应用在室外地坪上（图 3-165、图 3-167）。

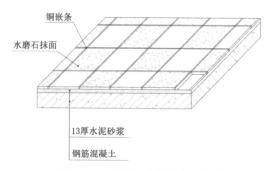

图 3-166 水磨石地坪构造示意图

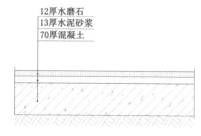

图 3-167 水磨石地坪构造示意图

174

2）水磨石基层面的要求

由于水磨石层面较薄，又因水磨石施工工艺较为复杂，所以对水磨石基层面的平整度要求也非常高，用2m直尺作检验其误差度不应超出±2mm。在混凝土浇筑基层过程中除振捣密实外，还应在浇筑场地中每1m设置一个水平高度标块，并用长刮尺按标块高度刮平整。特别是初凝结束，终凝未到的时间段内，应用铁滚筒反复碾压，长刮尺精准刮批，用木蟹拍浆修正整平，再用长直尺平整，待收浆后，用木蟹洒水打毛基层表面。

3）基层面放样弹线

先将钢筋混凝土地坪基层面清理干净，按设计图纸的图案线条（几何形直线条、图案形曲线条）到现场用1∶1放实样，一边用麻线拉出房间内的纵横中心轴直线，然后展开复核。按实际状况适当调整后，再定出线条起止点、交叉点点画在钢筋混凝土地坪基层面上。如果是几何图案直线条就可直接将纵横线条弹到地坪上。如是圆形，可先定出十字控制线再画圆，如圆内有放射性图案或其他不规则图案时，应先定出图案外轮廓若干控制点，由点来控制图案，再勾画出图案花纹线条，最终在地坪上完成整套图案样板。

4）窝嵌水磨石分隔线条

水磨石分隔线的条子大致可分为两种：

（1）铜质分隔线条

使用规格通常在（1.5～2）mm×（15～20）mm铜线条，大多用于线条曲折图像复杂的图案。一些曲折的分隔条、复杂图案的线条都由专业单位定向加工，先加工成分块线条再到现场组合装配成图案。铜分隔线条也用于几何形的直线条。

（2）玻璃分隔线条子

使用规格通常在（1.5～2）mm×（15～20）mm，玻璃分隔条一般用在几何图形的纵横直线条。窝嵌分隔线条时，应按照事先弹出的纵横控制直线或图案曲线控制点，摆放好复杂图案的预制分块线条。按控制点在现场拼装、校正好，用1∶2水泥砂浆在铜条或玻璃条两面窝出三角坡状，待固定正确后再进行通长密嵌。水泥窝制的高度是条子高度的2/3～3/4之距。窝条子顺序应从里到外、先难后易，对复杂图案先窝出外框轮廓，再向内填充复杂花纹。对无法立足或手不可触及处，应选用小巧的矮脚马凳搁置跳板来解决（马凳高150～200mm，长800mm即可）。

5）水磨石的面料铺摊磨光

（1）水磨石用1∶2水泥拌瓜子片（石子的一种）作为面层主料，俗称细石混凝土或彩色细石混凝土。根据设计要求选择瓜子片颗粒大小、颜色（白、黑、米色即可）。根据图案色彩选定配色颜料，拌制出相应色彩的细石混凝土面料（颜料＋水泥＋瓜子片＋水），拌制水泥拌瓜子片的面料，其坍落度不宜过大。彩色水泥拌瓜子片，色彩在定型前应先按要求做出实样色板，待确认后再作一次性配比拌好干料，必须要时加水拌和即可。

（2）铺摊面料时，应先从相对独立的个体框内先铺摊。铺时先在外围窝置若干个点（防止单体走动），向单体内铺摊彩色细石混凝土面料，再向中心地块铺摊，操作时动作不宜过猛。还可按色彩情况按从里到外、先难后易安排铺摊顺序。要注意铺摊和振捣时线条的损坏。铺摊细石混凝土面料，应略高出铜条或玻璃条顶面

2-3mm,并用木蟹拍密实,待后续水磨两层。

6)水磨石面层(新做)

待铺摊好的水磨石面料,经 6 ~ 8 小时硬化后,在终凝前先将机械磨不到的边缘边角进行手工磨制,然后经 12 ~ 16 小时后进行机磨。机磨时应轻推慢移确保受磨面均匀。边磨边用皮管冲水,冲去磨出的水泥浆水,随时查看受磨地坪质量,对水磨时跳散、落出的石粒及时修补到位,直到符合质量要求为止。对磨完后的水磨石地坪待干后用草酸清洗,然后再上蜡抛光。

2. 红缸砖地坪

红缸砖是自身同材质,呈朱砂红。厚 15mm,150mm×150mm 正方形材料坚硬、厚实、防滑,是室内外地坪铺设的优质材料。在后期石库门建筑中多应用在天井、连廊等地坪饰面层上。红缸砖应铺设在坚实平整的基层面上(如:混凝土基面上),对一些平整度较差的基层面可用加做一层找平层来做实基层面。铺设前先实测铺设场地,评估场地方正度状况,丈量场地长宽后得出红缸砖铺设行数及每行块数,制定铺设起始走向,排算好后在地坪上弹出格子线。铺设红缸砖用材是由纯水泥 + 黏合剂(胶水类) + 水,调和成较厚实类似砂浆的黏结剂。操作时先按格子线第一排铺设出基准点,校正平直度、水平度,然后在红缸砖面上用麻线拉出纵横控制格子线(纵向、横向高低水平向)。顺着控制直线由里向外或中心两边分开进行铺贴,铺贴过程中随时用直尺及水平尺控制校正铺后面层的平整度及水平度。具体操作是先在地坪上涂上一层粘贴剂,再在红缸砖反面抹上一层粘贴剂,摆放在格子线内按

面层控制线校正。以此类推,当一排铺结束后刮去溢出粘贴剂,移动横向控制线重新再开始直至铺贴到头。当完成整体后再镶铺异形之处缸砖。全部完成后用纯水泥调成浆状对铺好的红缸砖面层缝隙统一擦缝后清理。

铺贴红缸砖的施工方法有两种,硬底子铺贴法及软底子铺贴法。应根据现场实际状况来制定铺贴施工方案,本章节所描述铺贴的施工操作属硬底子铺贴法。

软底子铺贴施工在前期操作过程类同于硬底子铺贴过程,如:铺贴前实测丈量场地,评估十字线定标高等,对可铺贴场地平整度可略低于硬地坪铺贴要求。铺贴软底子的主材是用 1:5 水泥黄砂拌制的水泥垫层料(此料含水量较低,待料拌匀后用手能抓捏成团,放开后不沾手,摔在地上马上散开)。铺贴前先定出行排十字线并固定在起始行排上,将 1:3 水泥垫层料顺行排控制线,用铁板铺摊出均匀厚度的一排水泥垫层,将红缸砖摆铺在上面,用橡皮榔头敲打,与十字控制线齐平。然后拿起红缸砖在其底面抹上一层黏结剂。在敲实的水泥垫层上浇上适量水再把红缸砖摆铺上去,轻敲校正横平竖直。按此操作法一块块铺过来。在铺贴时随时复核校正红缸砖的平直度直至收头完工。

红缸砖损坏时修缮,在损坏区域内用工具轻轻凿去已损坏的红缸砖残部,凿去底部粘贴层。凿去残留在周边完好红缸砖的黏贴剂。经清理冲洗干净后用纯水泥浆对补缺部位进行接浆处理,然后按原来的铺贴方式(硬底贴法或软底贴法)补缺修缮。质量要求与新铺贴一样,然后收头擦缝清理后即可(图 3-168)。

图 3-168　红缸砖节点大样

图中标注：
20~38厚　缸砖（提前清水淋透）
6厚　灰砂浆
20厚　1:3水泥砂浆找平层
现浇钢筋混凝土楼板或预制楼板现浇叠合层

3．马赛克地坪

马赛克自身同材质。尺寸较小（20mm×20mm ~ 25mm×25mm）、较薄（约3mm厚）。主要外形有等边六角形、正方形、长方形等各种形状。哑光色，多数以乳白为基色。出厂马赛克粘贴于300mm×300mm（1英尺）正方纸板上（便于铺贴）。马赛克是室内外墙地面、立面、水池等常用的装饰面层。由于马赛克个体小，质地薄，因此对铺设地坪基层面平整度要求很高。一般在施工前都会在原有地坪上增铺一层1:2水泥砂浆找平层以提高地面平整精度，并在水泥终凝前将整个找平层作打毛处理（以增强黏合力）。在铺设马赛克前先测试评估铺设场地。用麻线拉十字线作方处理，并丈量出长宽尺寸，算出马赛克整版面的铺贴尺寸。尤其是有图案的地坪及镶边花式图案地坪，在地坪上弹出格子线做出若干个控制标高的塌饼块，然后用麻线拉出十字线，开始自左向右铺贴第一排基准面，铺贴马赛克用材由纯水泥、黏合剂（胶水类）加水调和成较厚着的水泥浆。铺贴时先用铁板将水泥浆均匀地刮在地坪上约2 ~ 3mm厚，并溢出马赛克贴面的宽度。按格子线宽度刮成条状，然后把每张马赛克按控制直线铺贴至完成。将马赛克面层的粘贴纸浸水湿润后，

剔除粘贴纸，再观察马赛克排列是否整齐，缝隙横竖是否平直，如有差错可用钢片条插入缝隙内做微调，修整拍直均匀。并用直尺微调平整度，清除溢出板面多余的水泥浆，移动横格控制直线（纵向控制直线不动）。继续铺贴下一排马赛克。至于马赛克在地面上的花纹图案色彩的排列分布，应在场地测试时事先按图在地坪上放出大样，排列好铺贴每张马赛克的顺序。铺贴时先铺整版再镶铺异形之处。铺贴时应逐排调整马赛克的面层平整度直至全部完工。铺贴完马赛克后，等过了养护期，再用1:2水泥浆对整个马赛克地坪擦逢，待水泥浆干后再把整个地坪擦干净（图3-169）。

图 3-169　修复后马赛克地坪照片

4. 花砖拼花地坪

拼花地坪，由不同的花纹图案和色彩单块砖组合拼花构成。拼花砖每块为同质花砖，一般厚8～12mm，长宽为200mm×200mm～300mm×300mm。选用的花砖质量必须四边平直，尺寸一样，厚薄均匀一致，上下平面平整无翘裂现象。四块花砖对称合拢后其四角局部花纹图案必须是花砖完整的主体花纹图案，条纹必须是通直斜角条纹线或平直条纹线。

花砖拼花地坪适宜于室内厅、堂、走廊等地坪铺设（图3-170）。

拼花地坪在花砖铺贴前，应对所需拼花地坪区域内先作平面方正测试，丈量长与宽的尺寸，设计出铺贴方案草图，包括镶边部分。

对拼铺花砖地坪的面表层，进行平整度测算，常用1：2水泥砂浆找平层来调整地坪平整度（找平层做法可参考马赛克施工工艺相关章节）。

完成花砖铺贴前的准备工作后，在施工区域内按花砖尺寸，根据场地定出纵横轴线位置，两边展开弹出纵横格子线及镶边线。先铺贴中心区域后镶花边条（再镶铺异形之处）。铺贴花砖时从里向外先铺贴出样板行，按弹出的十字线排布出一行，

图3-170　修复后拼花地坪示意图

铺贴时应在花砖面上用麻线拉出十字行线，以控制花砖纵横缝隙平直度及花砖水平面标高的平直度。铺贴材料类同于马赛克铺贴的材料（纯水泥＋黏合剂＋水）。铺贴时先在地坪上均衡地抹上一层2～3mm水泥浆合剂，再在花砖背面也抹上一层薄薄的水泥浆黏合剂，然后按控制十字麻线摆放到位，并校整其纵横、高低水平平直度。以此类推铺成行联成片。铺贴时随时校正纵横缝隙平直度、花砖面标高平直度。四块花砖相拼后，在四角合拢处花纹图案的完整性及条纹平直性，待整体铺贴结束，再进行镶边铺贴，也可同时铺贴。花砖全部铺贴完成后，待过了养护期，用1：2水泥浆擦缝，然后清理干净。

5. 夹砂楼板

夹砂楼板就是用木搁栅支承水泥煤屑轻质混凝土楼板。由于木搁栅容易腐朽，安全性较差。夹砂楼板做法：将木搁栅上口削成尖形，中间两侧钉3厘米×8厘米小木条，上钉2.5厘米厚短木板，板上铺油毛毡，浇捣100mm厚水泥煤屑混凝土，初凝后粉刷20mm厚水泥砂浆，再铺马赛克或红缸砖。木格栅下面做泥幔板条平顶，面粉柴泥和纸巾灰面层（图3-171）。

七、石库门结构体系

1. 立帖式房屋的结构构造及建造工序

立帖式房屋的结构是用木柱、木梁等木构架作主要承重体系，通常以立帖构架屋面木桁条、楼面木格栅的承重框架结构。

立帖式构造广泛应用于宫殿、寺庙、

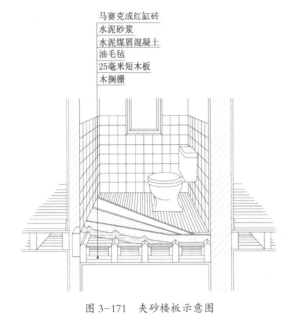

马赛克或红缸砖
水泥砂浆
水泥煤屑混凝土
油毛毡
25毫米短木板
木搁栅

图 3-171 夹砂楼板示意图

民宅和石库门建筑中。

现以张园德庆里石库门建筑中的立帖式房屋为例。建造工序如下：

1）放 样

根据图纸对建造的房屋定位并确定房子的开间样式如：一客两厢房的三开间房屋。由于客堂与厢房尺寸不同，要根据不同尺寸在地上放出定位线，主要是确定立帖柱、石鼓墩的正确位置，定出房屋四角定位线，立好龙门桩，标出轴线、标高线，然后按各定位线（主要是柱脚独立基地的位置线）画出基础的开挖灰线。

2）基础施工

（1）基坑挖土

根据已定的基础开挖线挖土，立帖式房屋的基础主要以单个木柱脚独立基础为主，基坑面一般定为 800mm×800mm 正方形，深约 600mm～800mm（以挖到老土即可）。开挖后的基坑应整平夯实符合标高要求。

（2）基坑内铺垫 100mm 厚道渣作垫

层并夯实。

（3）道渣上再铺约 300mm 厚石灰浆拌制三合土（即石灰浆、黄沙、碎砖块或石子搅拌而成）铺摊平整控制水平标高线。

（4）在三合土上砌筑 3～5 皮 20 英寸、正方砖墩。

（5）再由 20 英寸砖墩上放置一块 150～200mm 厚 300～400mm 正方形桑皮石盖帽。桑皮石的面层标高为 ±0.00，所有的桑皮石其面层均在同一标高上。基坑回填土夯实，在回填土时，可以适当浇点水促使松散的土更密实。回土后，放置石鼓凳并校正。

3）立帖的构造、制作与安装

立帖是传统房屋的木柱，担负着屋面、楼面等荷载，是房屋主要的承重构件。

立帖的木构件一般用圆筒长梢杉木来做，圆筒小头直径不小于 6 英寸（约 150mm），在张园地区部分立帖也有用 6 英寸方及 8 英寸方洋松来做。

立帖构架的构件主要有廊柱、金柱、中柱、小梁、矮囝、串及格栅大料等组成。

4）立帖构架各构件功能

木柱（廊、金、中柱）：是起到支撑桁条，承载格栅大料的作用；

小梁：是承载矮囝（短柱）的横向木构件，矮囝也是担承起支撑桁条的构件，节省了长柱的材料，还能扩大屋面下空间。

串：是各柱相连接的连接件。

格栅大料：是贯串并坐承于各木柱之间，既是木格栅承重构件，又是各木柱间横向联接构件。

立帖的制作：（以 2 层 6～7.2m 进深五柱七架梁为例）（图 3-172）。

两根廊柱、两根金柱、两根矮柱、一

179

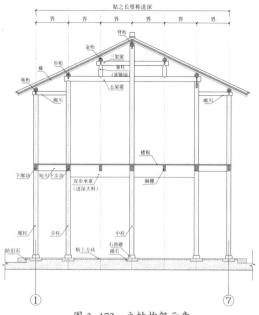

图 3-172 立帖构架示意

根中柱,即托撑七根桁条,在位于各柱上的串、小梁、格栅大料等的对应位置上凿出 2 英寸宽、相应构件高的穿眼,使得上述各部件联接安装。按屋面流水坡对各柱锯出相应不等的长短,在各木柱顶端锯出 2 英寸 4 英寸方孔的凹槽,便于扣装桁条。木柱底部做出定位榫,以便坐于石鼓墩内定位榫眼。串在联接廊柱与金柱时,两头的串榫头应串出两柱各自外边 2～3 英寸(50～75mm),榫的宽度根据眼子尺寸确定。中柱与矮图间的串在联接时,进中柱的榫头以大进小出形式进入中柱一半,另一头则穿出矮图,与上述榫头穿出的做法一样。小梁是联接在金柱与中柱的横梁木,其一头的榫头以大进小出形式进出一头于中柱内,另一头则穿出金柱,穿出的榫头类同前述小梁的中间,应凿出 1.2 英寸(约 30mm)宽与矮图等宽长的半眼一只(装矮图用)。矮图底部要锯出与眼子相匹配的榫头,便于构件装配。立帖中的格栅大料按各自长短尺寸贯串于各柱间,除

廊柱的榫头穿出柱外,其余都以大进小出原则进入各柱一半。

当立帖各木构件尺寸的长短榫卯结构全部制作完成后,应到现场实地装配。各构件榫卯接合处应用竹梢钉卯牢在平整的场地上,拼装成整品的立帖构架,并作方处理正确后,用木板或木条上部作人字搭固定,下部则用平搭头搭牢,然后将整榀立帖移动到立帖基座石鼓墩位置旁,柱脚对正石鼓墩。在竖立帖构架前,先在立帖柱的一排座墩旁做一排略高于石鼓墩的垫架,将立帖构架柱脚搁放在垫架上。然后用三根绳子,一根缚在中柱顶部,两根缚在两边廊柱顶部向上拉起,后面再用撑棒向上顶起。竖起稳定在石鼓墩外的垫架上后再将立帖构架向石鼓墩上移动就位于定位榫卯结合处。校正垂直度、水平度并用斜撑将立帖构架临时固定牢,接着再装配下一品立帖构架。

5) 立帖式的结构框架

当竖立起两品以上的立帖构架后,可将楼面的楼格栅安置到位,与横向立帖之间相互连接成为相对稳定的半个整体,并在格栅上铺临时木板以便施工。然后在立帖周边搭脚手架,接着屋面上大梁(七路头)。先摆正桁,要求高低水平走向顺直,校整后,再按顺序摆放余下的桁条后,桁条上钉椽子,此时形成了一个木结构框架。

6) 镶砌内外墙

立帖式房屋以立帖构架的木柱承重,外墙为围护墙,内墙为填充墙(天井、围墙、厢房的外山墙例外),因此墙体基础不宜过大。从地面向下挖二皮砖深度,素土夯实后,直接在夯实素土上砌二皮大放脚的砖基(外围一砖填充墙的下大放脚砖基为 1 砖半,

室内半砖填充墙下面的大放脚砖基为一砖墙）。镶砌的外围填充墙为一砖墙或一砖墙厚的空斗墙，室内分隔为半砖墙，大都用八五砖或黄道砖（六五）来填充。镶砌填充墙应以每隔砌筑到 1 ~ 1.2m 高度处的砖面上设置一道用二四木料(50mm×100mm)做的压脊槛，遇圆柱时，槛的两头需锯出虎口，卡紧后用钉子钉牢，直至顶部以确保填充墙稳定性及牢固性。

7）做屋面铺瓦片

以七路头（七根桁条）为例，屋面木桁条用圆筒长梢杉木做，圆筒的小头，直径不小于150mm，长度从房屋的开间尺寸定。木桁条间距与数量按立帖的路数摆放（七路头、九路头等），在木桁条上钉椽子（用 80 ~ 100mm 杉木圆棍对剖），挑出檐口 300 ~ 400mm。椽子间中心间距约200mm（与望板砖等长）。椽子上铺摊望板砖，然后在望板砖上铺摊小瓦（中瓦）。铺摊小瓦前，先出楞做屋脊，铺摊的小瓦底瓦大头朝上，但在檐口第一张底瓦应大头朝下，其余均为小头朝下。底瓦搭接为盖六露四，铺摊的盖瓦应大头朝下，盖瓦搭接为盖七露三，檐口盖瓦应垫上 2-3 张瓦片，使其向上翘头便于粉做出瓦箍头。

9）楼层面安置格栅、铺楼板

早期石库门建筑的楼板格栅用小头直径150mm 以上的圆筒杉木制作，在圆筒柱上用斧头斩出约 50mm 宽平面，格栅间距@400mm，然后固定在格栅大料上钉牢。开始铺钉楼板，楼板大多用较宽的杉木板，做成企口缝或做高低缝。

10）木门窗制作安装

早期石库门建筑的门窗包括樘子，大多用杉木制作，圆筒杉木质地轻、易加工、

不易腐烂，但光洁度稍逊色。门则以落地长板门及葡萄结门为主，窗则以玻璃窗及落地长窗为主。门窗的开关形式均采用木摇梗式，木摇梗用 30mm×40mm 通长硬木条做。两端伸出门、窗上下冒靠外侧一边刨成半圆形，平面钉在门窗梃的边缘，然后在门窗伸出的两头做出直径30mm的圆木榫，则为上下木摇梗，再用厚 50mm 宽 75mm 长按单扇或并列双扇定位约 200 ~ 450mm 的木块在摇梗位置用圆木凿，凿出直径稍大于30mm的眼了，称之为摇梗木臼。上木臼是穿眼，下木臼凿成半眼，然后钉在门窗框相应的上下木槛上。安装时门窗的上木摇梗先插进上木槛的穿眼木臼内向上提，然后再将下木摇梗对准木下槛的半眼，下木臼放落坐实后，这样就能自由开关门窗了。后期石库门摇梗多用金属构件。

11）室内内粉刷

采用石灰拌柴泥作刮糙层，将面层粉平整后，表面再用纸筋石灰衬光罩面。

12）南面前天井围墙、石库门及粉刷

石库门安装技术要求高，需由石匠安装。石库门比较重，单一个石箍套就有千斤之重，石材没有办法黏结，全靠石匠安装得横平竖直。先依靠石材的自身重量站立稳住，然后两边砌砖墙扶住石库门，再在上面用砖墙压住石库门。木工将预先做好的实拼木门装在石库门框樘上，里外再由泥工将墙面粉刷好。

13）油 漆

除了石库门是黑色的，其他窗（包括客堂的落地长窗）都须上油漆，由于木材表面毛糙（大多是杉木）、有较多木节疤等缺陷，只能用"猪血老粉"作腻子来填嵌。"猪血老粉"本身是暗红色的，因此用深

红色广漆可以盖住腻子颜色。

2. 砖混结构构造及建造工序

1）基 础

砖混式石库门房屋的条形基础不同于立帖式石库门房屋木柱的独立基础。房屋主要由砖墙承重，承重砖墙的基础往往是砖砌"大放脚"。

建造的房屋根据图纸定位后，用石灰画出基础"大放脚"的开挖线。基础的基坑深约4英尺（1.2m左右）、宽3英尺（0.9m左右）。基坑开挖后，坑底夯实平整，做100mm厚垫层、道渣夯实整平，再做300mm厚左右三合土（拌和石灰浆、碎砖或石子及黄沙），夯实整平。三合土面上开始砌25英寸（620mm）第一层"大放脚"，二皮后向上收缩砌成20英寸（490mm）第二层"大放脚"，二皮后再向上收缩砌成15英寸（370mm）第三层"大放脚"，二皮后砌成10英寸基础墙。约在 −0.06m 处设一避潮层，基坑回填土分皮夯实，每皮厚度 ≤ 300mm，可适量浇水增强回填土密实度（收砌"大放脚"应该两面同时各向上收进2.5英寸）（图3-173、图3-174）。

2）砌墙立樘子

砖混结构的墙体，大多为承重墙。尤其是外墙，要求砌筑清水墙居多，因此对砖墙砌筑要求比较高。

在砌墙前，先由木工翻样师傅做好"皮数杆"（一种控制砖块灰缝厚度的数棒，并标有立门窗樘的水平位置线、门窗拱券、门窗楣位置线及楼层标高的尺寸）。由泥工贯砌师傅在砌墙的四角按水平线立好固定牢"皮数杆"，由泥工挡手师傅领砌四角砖墙砖块皮数层，然后用麻线拉出砌筑砖层的直线后再由其他师傅沿直线砌墙身逐皮上升。每砌筑3～5皮砖后，为防止砖块挤压砂浆，让墙体达到一定强度后再往上砌筑。以保证砖墙质量。

在砌墙过程中，随时注意立门窗标高及位置，把门窗樘立在应有的位置。底层门窗档应该立成里平里开式，二层以上应立成里平外开式。按"皮数杆"标高尺寸砌筑门窗樘上的弧形或平行的拱券、门、窗楣及挑砌的墙身腰墙线（图3-175）。

3）安置楼格栅

当砖墙砌到楼面的设计标高时（一般为12英尺，3.6m左右），摆放二楼的楼板格栅，

图3-173 大放脚构造示意图

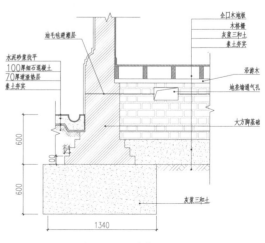

图3-174 砖基础剖面图

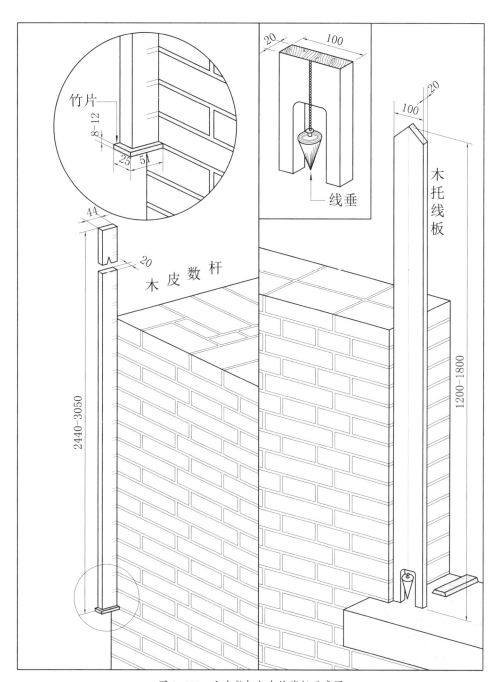

竹片

8-12

25 5A

20 100

线垂

44

20

木皮数杆

木托线板

100 20

1200-1800

2440-3050

图 3-175 立皮数杆与木拖线板示意图

格栅用 3×6 或 3×8 英寸（75mm×150mm 或 75mm×200mm）的洋松方木，间距为 @400mm。摆好后的木格栅应在墙身上找平，然后用麻线校正格栅的面标高、平整度，将木格栅空档处用砖块镶嵌固定，再往上砌筑第二层的砖墙。

4）做屋面

砖混结构的屋面，是由墙体来承载。承重的山墙按屋面的坡度从檐口向上斩砌到山尖墙，包括挑砌的彩牌头。木屋架承载屋面荷重，再由承重墙或砖墩等传递至地基基础。砖木屋面桁条用 3×6 或 3×8 英寸（75mm×150mm 或 75mm×200mm）的洋松方木承担（区别于立帖的圆筒木桁条），木桁条搁支点在山墙或屋架上，桁条间距 800～1100mm。用 20～25mm 厚洋松板做屋面板（不再钉木椽子），上铺油毛毡（一种防水卷材），用板条子（顺水条）以每 400mm 距压钉一道，然后按瓦片尺寸弹线钉格椽（挂瓦条），铺洋瓦（平瓦），做凡水，安装白铁防水构件，做洋瓦（平瓦）屋脊等程序。

5）室内木装修及内粉刷

（1）室内木装修先从楼层面开始。砖木结构的楼面木格栅是用 3 英寸 ×6 英寸或 3 英寸 ×8 英寸（75mm×150mm 或 75mm×200mm）进口洋松方木做的，中心间距为 16～18 英寸（400～450mm），放置在承重墙砖墙面上，经水平度、平整度校正后，再用砖块镶砌格栅档给予稳定。楼板也用进口洋松加工成企口状，以提高铺钉楼板的缝隙密实度。洋松企口木楼板厚 20～25mm，宽 70～95mm，相对杉木格栅，楼板提高了一个层次。

（2）砖木结构的木门窗及樘子主要以进口洋松为原材料，洋松材质的坚固度与光洁度比杉木更好，制成的门窗表面更细洁，使用更牢固。砖木结构的门窗已改用铁脚式摇梗（如客堂前的落地长窗）或用铁制铰链作开关的转动件。

（3）室内粉刷层已由石灰拌柴泥的刮糙层逐步改成黄砂石灰砂浆的刮糙层，但墙面层仍用纸筋石灰作衬光罩面层。

6）木楼梯

砖木结构经常以直角曲尺形（L 形），中间设置休息小平台，能转弯的木楼梯（经小平台一头转向上二层楼面，一头转向到亭子间）及双向对跑楼梯（通过休息平台一头转向上二层楼面，一头转向到亭子间）为主。楼梯踏步高度一般在 170～200mm、宽度一般在 230～300mm，楼梯设有木柱头、木扶手、木栏杆，小平台铺企口楼板，楼梯底做板条平顶（含粉刷），木楼梯全部用料均为进口洋松。

7）油 漆

除石库门门扇为黑色外，其他外门窗仍采用深红色广漆，室内的门及楼梯则采用其他颜色。

第四章　各部位修缮质量标准

一、泥工部分质量标准

（一）新做、翻做平瓦屋面

1. 不漏水

无渗漏水现象，瓦片小水槽不得缺角和断裂。

检查方法：翻开瓦片和室内检查，每点翻查 2 处。

2. 垃圾出清

瓦槽无积灰，不被砂浆堵塞，平顶内碎砖瓦清除干净。

检查方法：翻开瓦片检查，每点翻查 2 处。

3. 平服和顺

新做、改做、翻做的屋面瓦应平服和顺，新做屋面每间下挠不大于 30mm。

检查方法：用线拉、尺量。

4. 瓦片落榫

不超过连续 3 张搁起。屋面坡度超过 45°以上应用铜丝扎牢。

检查方法：直观，翻开瓦片检查。

要求：瓦头整齐，偏差不超过 20mm。

检查方法：20mm 直尺平靠瓦头，用尺量。

（二）新做、翻做平瓦屋脊

1. 不断裂

无超过 1mm 宽的裂缝。

检查方法：直观，插片试。

2. 平直不超高

屋脊两头不超过 80mm（以屋面高的一侧为标准）。

检查方法：直观，用尺量。

3. 窝粉密实

翻做平瓦屋脊境止瓦，窝进脊不少于 30mm，新做、改做的平瓦屋脊则不少于 50mm。长 10mm 以内漏嵌不超过 2 处。正脊不得接触老虎窗屋面。

检测方法：直观，用尺量。

4. 上口收紧，下口不抛脚

上口收进不少于 3mm，下口抛脚不超过 20mm。

检查方法：直观，用尺量。

要求：不毛糙，无漏嵌（包括脊瓦小耳朵处）。

检查方法：直观。

（三）新做、翻做平瓦斜沟

1. 瓦片盖透斜沟

从条子外口量起盖透斜沟 50～90mm，瓦头整齐。

检查方法：直观，用尺量。

要求：斜沟上端宽度大于 220mm，下口放大，呈喇叭形。瓦头整齐，偏差不超过 25mm。

检查方法：直观，2m 直尺托，用尺量。

（四）新做、翻做中瓦屋面

1. 不漏水、不稍脚

室内无渗漏水现象，盖瓦盖透底瓦，瓦片稍脚不得连续 3 张以上。

检查方法：直观、翻开瓦片检查，每点翻查 2 处。

2. 次瓦使用

底瓦上下端对穿裂缝不超过 30mm，其他不允许有对穿裂缝，底瓦缺角每边不超过 30mm,风化的瓦片应合理使用在盖瓦上。

检查方法:翻开瓦片检查,用尺量,每点翻查 2 处。

3.樽楞着实

樽楞每道不超过 500mm,樽楞应着实。屋面坡度在 30 度以上时底瓦应用灰砂打垫樽楞。

检查方法:翻开瓦片检查,每点翻查 2 处。

4.垃圾出清

屋面及平顶内碎砖瓦应清理干净。

检查方法:翻开瓦片及望板检查,每点翻查 2 处。

5.平服和顺

无突高突低现象。

检查方法:直观。

要求:出楞勾直,偏差不超过 20mm。

检查方法:直观。2m 直尺托,用尺量。

(五)新做、翻做中瓦鳗鲤脊、刺毛脊

1.脊瓦窝实,不断裂

1mm 以内的裂缝不超 3 处。

检查方法:直观,插片试。

2.不起壳

平直、用尺量。

检查方法:敲击,直观,用尺量。

要求:平直、光洁。

检查方法:直观。

(六)新做、翻做中瓦斜沟

1.瓦头窝实

斜沟瓦斩 2 至 3 张,蟹钳瓦窝实。

检查方法:直观。

2.瓦片盖透斜沟

底瓦盖透斜沟 50 ~ 90mm。

检查方法:直观,用尺量。

3.斜沟两端尺寸控制

要求:斜沟上端大于 220mm,下口放大,呈喇叭形。

检查方法:直观,用尺量

检查方法:直观,用尺量。

(七)新砌、拆砌砖墙、砖墩

1.墙面垂直度

要求:不倾斜、不弓凸,砌墙垂直度偏差不超过 10mm。平整度不超过 10mm。

检查方法:水平尺、靠尺测量。

2.灰缝饱满度与厚度

要求:灰缝饱满,不同缝;头缝、水平缝饱满度 80% 以上。每垛墙同缝 3 皮者不超过 2 处。灰缝厚度 7 至 12mm。

检查方法:直观,尺量。

3.半砖墙有压砖槛

要求:每 1000mm 高左右有水泥砂浆砌 3 皮压砖槛,与木柱接合处要斩虎插口或在木柱上加钉木砖,间距每道 500mm。

检查方法:直观,尺量。

要求:头角垂直,墙面平整偏差不超过 5mm。

检查方法:用 2m 托线板托,尺量。

(八)清水墙面修补

1.砖墙不起壳

砖面饱满、无空鼓起壳现象。

检查方法：敲击，尺量。

2. 灰缝不松动、不断裂

灰缝饱满，无漏嵌与断裂现象，接头和顺不叠起。

检查方法：直观，敲击，手试。

3. 颜色协调

修缮后的墙面与原墙面颜色接近。

检查方法：直观。

要求：墙面清洁无沾灰，灰缝整齐。

新粉、修补外墙粉刷（包括墙面、台度、勒脚、腰线、台口线、门窗头线、窗盘天盘、拉搭毛、洒毛）。

1. 牢固不起壳

新粉、修补的外墙面粉刷应无空鼓、起壳现象，拉、搭毛粉刷应均匀不露底，洒毛粉刷斑点均匀。

检查方法：敲击，直观，尺量。

2. 无裂缝

水泥粉刷裂缝不得超过 0.5mm，非水泥粉刷裂缝不得超过 1mm。

检查方法：直观，用插片试。

3. 无倒泛水

窗盘、腰线、台口线等应有泛水，底面应有倒侧口或深度 3mm 以上滴水线。天盘应外低里高，出线立面粉刷应垂直。

检查方法：直观，角尺量。

4. 不咬樘子

窗盘应不咬樘子，新砌、拆砌墙后的粉刷面应不咬樘子下槛。

检查方法：直观，必要时局部剥开粉刷。

要求：新旧粉刷接缝平整光洁；平直度允许偏差（新粉 5mm，修理 10mm）。

检查方法：用 2m 直尺托，尺量。旧里原有砖墙弓凸明显者除外，直观。

（十）新做、水刷石、水磨石、墙面砖、缸砖、马赛克

1. 不起壳无裂缝

各类墙面砖在新做或修补后无起壳、裂缝等现象，并且砖缝密实。

检查方法：直观，敲击饰面砖中心，尺量。

2．表面整洁

石粒密实，分布均匀，新旧色泽协调，条子嵌缝密实。

检查方法：直观。

3．表面平整，阴阳角垂直

饰面砖、磨石子允许偏差值 4mm，汰石子 6mm。

检查方法：用 2m 托线板托，尺量。

4．镶接缝平直

镶接缝不渗水，接缝及分格平直度 2m 内不超过 3mm。

检查方法：直观、拉线、尺量。

要求：饰面砖，磨石子表面平整度允许偏差 2mm，汰石子 4mm，阴阳角方正不超过 2mm。

检查方法：用 200mm 角尺量，2m 直尺托。

（十一）砌粉门、窗、长窗下槛

1．不起壳、无裂缝

砌粉门、窗、长窗下槛无起壳现象，裂缝不超过 0.5mm。

检查方法：敲击、尺量，用插片试。

2．符合尺寸

砌粉下槛应同原榜子梃宽一致，上口平直，每次不超过 3mm。

检查方法：用 1m 直尺托，尺量。

3．有出水孔、槽

里开门、窗、长窗下槛应有出水孔、槽。

检查方法：直观。

4．预埋木块

安装门、窗小五金用的预埋木块应牢固窝实，并与粉刷面齐平。

检查方法：直观，手试。

5．光洁整齐

铲窝高为 10 ～ 15mm，下风缝为 5 ～ 8mm。

检查方法：直观，尺量。

要求：瓦楞均匀，平直，偏差不超过 20mm。

检查方法：直观，直尺托，用尺量。

要求：光洁整齐，铲窝高为 10 ～ 15mm，下风缝为 50 ～ 80mm。

检查方法：直观，尺量。

（十二）立门、窗榜

1．立门、窗榜

门、窗榜垂直和偏差不超过 3mm。

检查方法：用 1m 线垂挂，尺量。

2．嵌粉密实

钢门窗榜脚头及四周嵌粉密实，不渗水。

检查方法：直观，必要时凿开检查。

要求：垂直度每米不超过 2mm，嵌粉平整。

检查方法：用 1000mm 线锤挂，直观，尺量。

（十三）新做、修理混凝土路面

1. 分仓

宽度 2.5m 以上路面应分仓，分仓间距不超过 4m。分仓缝应用沥青浇灌密室。

检查方法：直观，尺量。

2. 不起砂

不起浮砂，不壳，不裂，无积水。平整光洁。

检查方法：拭擦，直观。

3. 不断裂起壳

裂缝不得超过 1mm，无空鼓、起壳现象。

检查方法：尺量，直观，敲击。

4. 不积水

积水不得超过 5mm 深。

检查方法：用 1m 直尺托。

要求：不壳，不裂，无积水。平整光洁。

检查方法：用 1000mm 直尺托，尺量。

（十四）新做、修理明沟

1. 不积水

积水不超过 5mm 深。

检查方法：用 1m 直尺托。

2. 不起壳、裂缝

裂缝不超过 1mm，无空鼓、起壳现象。

检查方法：插片试，敲击，尺量。

3. 上口平直

上口平直，不超过 5mm。

检查方法：用 1m 直尺托，尺量。

要求：不壳，裂，光洁平整。

检查方法：直观，尺量，敲击。

（十五）新做、翻做下水道

1. 排水畅通

管道不阻塞，坡度均匀（一般约 7%）

检查方法：直观，放水试验。

2. 基层填实

基层必须用道渣或碎砖填实。

检查方法：查看隐蔽工程验收记录。

3. 接头窝实

接头必须用水泥砂浆窝实。

检查方法：查看隐蔽工程验收记录。

（十六）新做、翻做窨井

1. 要有吊底

新做窨井吊底在 15cm 以上。

检查方法：直观，尺量。

2. 井盖平整

井盖完好不碎裂并与界面齐平不踢脚，搁置至少 1/4 砖。

检查方法：直观，尺量。

3. 不壳不裂

粉刷裂缝不超过 1mm，无起壳开裂现象。

检查方法：敲击，尺量，插片试。

4. 位置正确

符合查勘设计要求。

检查方法：按任务单或图纸核对。

要求：不壳裂，光洁平整。

检查方法：直观，敲击。

二、木工部分质量标准

（一）修接桁条、格栅、屋架大料

1.牢固紧密

夹接牢固紧密，铁器绞紧，符合设计查勘要求。搁置长度进墙不小于 8cm，木支承上不小于 4cm。

检查方法：直观，尺量。

2.平　直

不下挠或斜向弯曲，桁条、搁栅修接后挠度不超过 1/200。

检查方法：直观。

3.涂防腐剂

进墙头子和铁器均满涂防腐剂。

检查方法：必要时挖开墙洞检查。

要求：平直。桁条、格栅修接后挠度不超过 1/200。

（二）新做、修理屋面板、椽子、天、斜沟底板

1.牢固平服

腐朽、断裂、破损的木屋面构件需要剔除，各木构件之间均须钉牢垫平，高低和顺。新做屋面平直度每间不超过 2cm，修理新里及新里以上屋面每间不超过 4cm。

检查方法：翻开瓦片检查 2 处，直观，尺量。

2.均匀整齐

格椽间距符合瓦片长度，上下瓦片搭接不少于 5cm，椽子间距均匀，偏差不大于 15mm，天斜沟底板平直，无袋水。

检查方法：每点查 2 处，直观，尺量。

要求：接头平直、和顺。新做屋面平直度每间不超过 10mm，修理新里及以上屋面每间不超过 20mm。

检查方法：直观，尺量。

（三）新做、修理老虎窗、撑窗

1.牢　固

牢固、不倾斜，新做老虎窗窗樘对角线长度偏差不大于 4mm。

检查方法：直观，尺量。

2.防　水

老虎窗两边的封檐板、椽子不影响流水，应离中瓦泛水 2 ~ 6cm，新做老虎窗两边椽子挑出不小于 20cm，樘子脚头下瓦片能平服伸入。

检查方法：直观，尺量。

要求：平整光滑。拼缝合角整齐严密。

检查方法：直观。

（四）修接封檐板、檐头

1.牢固紧密

封檐板拼接牢固，接头紧密，椽子钉牢，不松动，新做封檐板或新里及新里以上房屋拆钉，更换封檐板时，接头做榫头，转角做夹角，并且平整齐直，宽狭一致不弯曲，椽子均匀齐直。

检查方法：直观。

要求：平整齐直，宽狭一致不弯曲，椽子均匀齐直。

检查方法：直观。

（五）修作木扶梯（包括踏步板、扶梯基、栏杆、扶手等）

1.安装牢固

扶梯基、踏步、扶手、柱头栏杆不松动，栏杆底应做榫头。新做、拆做扶梯或修理新里及新里以上扶梯应做到步行时无木材相互挤轧声，整齐、光洁、无声、接头平服一致。

检查方法：直观，手试，试走。

2. 踏步平整

踏步倾斜偏差修理时旧里小于 15mm，新里及新里以上小于 10mm，新做、拆做时小于 5mm。踏步不坦口。踏步滑口不大于板厚一半时，踏步板翻身应刨光收棱，拼缝应靠里档。新里及新里以上踏步应按原样做出弧圆口，修复叠角线。

检查方法：直观，尺量。

3. 踏步高低均匀，阔狭一致

旧里起步高低偏差小于 2cm（地坪更动时底步除外），开步不超过 1cm；新里及新里以上起步高低偏差不超过 1cm，开步不得超过 6mm，踏步阔狭（宽窄）不大于 1cm。新做、拆做扶梯起步高低偏差小于 3mm（底步 10mm）开步偏差小于 3mm，踏步板口挑出 20mm（30mm 以上时应加叠角线）。

检查方法：直观，尺量，试走。

4. 涂防腐剂

锯扶梯脚和调换靠墙扶梯基时应涂防腐剂。

检查方法：直观

要求：整齐、光洁、无声、接头平服一致。

检查方法：直观，试走。

（六）修理楼地板

1. 牢固平整

不松动，不踢脚，新旧板面无高低偏差、平整光洁、宽狭一致。

检查方法：直观，试走，尺量。

2. 密　合

头缝不得对穿。楼板不漏灰，边缝不大于 1mm。

检查方法：直观，试走，用插片插。

要求：平整光洁，密缝。公寓大楼板面光滑，宽狭一致。

检查方法：直观。

（七）修理裙板

1. 牢固密缝

不松动，板缝不露光，不漏风，整齐平服。

检查方法：直观，试推。

2. 压条牢固

板条钉牢，里面不露钉尖，压缝板条外露部分应刨光。

检查方法：直观，试推。

要求：整齐平服，压条光滑，间距均匀，如盖油毛毡者，无皱纹。

检查方法：直观。

（八）修接柱脚

1. 牢　固

柱脚腐烂蛀蚀部分锯净，柱脚修接高度 80cm 以上时，接合处应用铁板螺丝连接牢固，修接部分轴线与原柱轴线一致，砌粉柱脚棱角方正。

检查方法：直观。

2．接缝密合

接缝密合，榫紧。

检查方法：直观。

要求：修接部分轴线与原柱轴线一致，砌粉柱棱角方正。

检查方法：直观。

（九）木模制作

1．牢　固

模板及支撑应有足够的强度、刚度和稳定性。

检查方法：直观，手推。

2．拼缝紧密

板面高低不大于 5mm。

检查方法：直观，尺量。

3．尺寸正确

表面平整度 2m 内偏差小于 4mm，柱每层垂直度偏差小于 3mm。

检查方法：用线锤和 2m 长托尺。

要求：表面平整度 2000mm 内偏差小于 4mm，柱每层垂直度偏差小于 3mm。

检查方法：用线锤和 2000mm 托尺。

（十）修理、拆装木窗及樘子

1．修接、安装牢固

橡子、榫头、铰链不松动，不缺螺丝，不得用钉子代替螺丝与榫头。铰链无锈烂现象，不单面凿铰链窝。拆装门窗应用硬木或毛竹加榫，铁曲尺应低于窗平面 1mm。接门窗挺、樘子挺上下应用小榫头，拆装门窗油灰应朝室外，旧门窗加宽接高加钉木条，每边不超过 4cm，门窗线脚修接完整，接缝平整密合。

检查方法：用手试抬，直观，插片试。

2．开关正常

使用灵活。下缝不碰擦，边缝、中缝、上缝不轧，走马窗推拉不轧，戤（gai）缝油漆后不小于 0.5mm，小五金配齐。

检查方法：作开关检查，直观，用纸片插。

3. 不直接露光

门窗缝不能对穿（无高低缝，无铲和的门窗允许露光 5mm，其中内门只允许露光 2mm，有槛外门下风缝小于 10mm）。门窗上缝、边缝小于 3.5mm，中缝小于 4mm，下缝小于 7mm。不用的锁眼、铰链窝等缺损部分应予镶补没。

检查方法：用插片试，直观。

4. 做好出水线、出水孔

外墙里开窗必须做好出水线、出水孔（一砖墙上腰头窗，里平里开又高度 40cm 以下时除外）。外墙里开门有下槛者加做拖水冒头。

检查方法：直观。

5. 靠墙涂防腐剂

修接门窗樘，靠墙面应涂柏油。

检查方法：直观。

要求：接缝平整密合。风缝整齐，无倒大缝，门窗不翘曲。 风缝应小于以下尺寸（mm）：

新里及新里以上	上、边缝 2	中缝 3	下缝 5
旧里	上、边缝 3	中缝 4	下缝 7

检查方法：直观，插片试。

（十一）修理、拆装摇梗门窗

1. 修接、安装牢固

榫头加楔。摇梗和上下白不松动。修接樘子梃应放木砖，樘子榫紧。二楼及二楼以上配全保险钩（老式窗窗梃接梃允许用斜口槽对接法）。

检查方法：手试，直观。

2. 不脱脚

开启 45 度时不脱脚，上摇梗木脚伸进上白不少于 3cm。铁脚应露出上白。

检查方法：直观，作开关检查。

3. 不脱缝

除平缝外，不得直接露光。

检查方法：垂直方向观察。

4. 开关正常

开关方便，小五金配全。

检查方法：直观，试开关。

5. 涂防腐剂

修接部分贴墙处应涂水柏油。

检查方法：必要时敲开粉刷检查。

6. 风缝整齐

直缝不超过 6mm，横缝不超过 10mm。同一风缝宽窄相差不超过 2mm。

检查方法：直观，插片试。

要求：基本平服：短窗离铲窝应不超过 10mm，长窗离铲窝不超过 15mm。

风缝整齐：直缝不超过 6mm，横缝不超过 10mm。同一风缝宽窄相差不超过 2mm。

检查方法：直观，插片试。

（十二）修做挂镜线、踢脚线、台度板

1. 牢固、平直

不松动，不弯曲，不倾斜，阴阳夹角操作符合规程。

检查方法：直观，手试

2. 接头紧密

拼接密合无缝隙。挂镜线、踢脚板拼

接应用斜接，线脚应连续跟通。接头平直。

检查方法：直观。

要求：光洁，新旧一致。

检查方法：直观。

（十三）新做木门窗

1. 制作、安装牢固

榫头与榫眼密缝牢固，樘子和小五金安装不松动。门窗制作应符合下列要求：用料用 50mm×100mm 以上的樘子应有双面夹角（老虎窗除外）。75mm×100mm以上的樘子应刨铲和，有墙樾眼及咬灰线。门板镶拼应用梢钉紧密连接（企口板除外），下冒头断面不得小于上冒头。葡萄结门阔（宽）度80cm及80cm以上者应加斜角撑，门板不得高出门桦平面。平整光滑。拼缝、合角整齐严密。

检查方法：直观，尺量。

2. 开关灵活，风缝整齐

开关灵活，小五金配齐，安装位置正确。风缝整齐，无倒大缝

检查方法：直观，作开关检查，用插片和尺量。

3. 涂防腐剂

樘子与墙接触面应涂防腐剂。

检查方法：直观（必要时敲开粉刷检查）。

要求：光洁，新旧一致。

检查方法：直观。

要求：拼缝、合角整齐严密。

检查方法：直观。

三、油漆工部分质量标准

（一）混色油漆、广漆（平顶、墙面、木门窗）

1. 出　白

符合查勘设计要求。

检查方法：必要时铲除检查。

漏嵌：不允许。

检查方法：直观。

2. 批　嵌

细致密实无不平现象，无挡手感，裂缝不允许。

检查方法：手摸，直观。

3. 起　泡

不允许。

检查方法：直观。

漏油、挂油、皱皮。

4. 不允许。

检查方法：直观，尺量。

5. 刷迹、露底

不允许。

检查方法：直观。

房屋修理工程
操作规程和质量标准
（试　行）

第三分册　油漆工程

上海市房地产管理局
1980年

195

6. 裹楞

小面不超过长度 10cm。

检查方法：直观，尺量。

7. 分色线及四角整齐，1m 长内不允许偏差 2mm。

检查方法：直观，尺量。

8. 漆面无颗粒现象

小面允许少量。

检查方法：直观。

9. 漆面光滑光亮

漆面和顺、均匀一致。

检查方法：直观，斜观。

10. 五金、玻璃

铁质五金漆足，铜、镀锌五金不得沾污，玻璃干净。

检查方法：直观。

要求：

普级：铁质五金漆足，玻璃沾污允许 3mm 宽度。

中级：铁质五金漆足，玻璃沾污允许 2mm 宽度。

高级：铁质五金漆足，铜、镀锌五金不准沾污，揩净玻璃。

检查方法：直观。

（二）钢门窗及铁管、晒衣架等金属面油漆

1. 出白

按查勘要求出白、清洁。

检查方法：必要时铲除检查。

2. 漏油、挂油、皱皮、裹楞

不允许。

检查方法：直观，尺量。

3. 色泽均匀，光洁平滑

漆面基本均匀，色泽基本一致，漆面光滑光亮。

检查方法：直观。

4. 批嵌

大面无裂缝，油灰批嵌和顺。

检查方法：直观。

要求：

高级：光泽一致，漆面光滑光亮。

检查方法：直观，尺量。

（三）装配玻璃、油灰

1. 装置牢固，不松动。

检查方法：手试。

2. 油灰嵌足

面灰密实平整，四角整齐，底面灰不允许偏差 1mm，钢窗底灰嵌足有轧头，木窗有圆钉固定玻璃四周，油灰残缺不平处复嵌平整。

检查方法：直观，必要时铲除检查。

3. 防锈漆

钢门窗配前抄防锈。

检查方法：必要时铲除检查。

以上内容系总结多年的实践经验，希望能够为未来制订全面系统的行业标准提供参考。

第五章　修缮案例

一、中共二大会址纪念馆

（一）工程简介

①地址：老成都北路 7 弄 30 号（原成都路辅德里 625 弄 30 号）

②建造年代：1915 年

③建筑样式：晚期旧式石库门

④建筑面积：1068.7m² （南楼 - 中共二大会址旧址）；1031.3m² （北楼 - 平民女校旧址）

⑤现有功能：展示陈列

⑥保护级别：第七批全国重点文物保护单位

（二）历史图纸（部分）

行号图

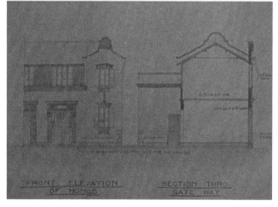

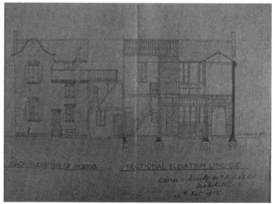

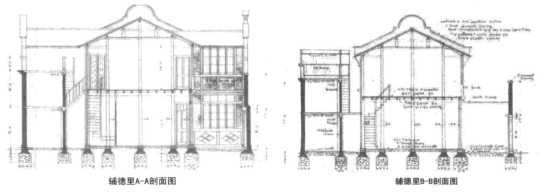

辅德里A-A剖面图   辅德里B-B剖面图

历史图纸

（三）修缮内容

2001 年始，静安置业集团下属子公司上海静安建筑装饰事业股份有限公司，承担日常的维护保养、修缮。

1. 中瓦屋面

检修中瓦屋面，将原有油毡防水层调换为防水卷材，对损坏、风化瓦片采用同形式、规格、颜色的中瓦翻铺，恢复原有刺毛屋脊。

2. 外墙清水墙

采用专用砖粉材料进行修缮。预先制作平灰缝与圆灰缝小样与修缮样板，经过专家与设计确认后的材料配比、颜色、效果等予以修缮。根据气候情况，控制材料干湿度，并确保修缮后的清水墙色泽均匀，头角方正，砖缝平直、严密、无断裂、无漏嵌等现象，真正做到修旧如故。

3. 木门窗

对有翘裂、破损严重的木门窗按原形式、材料、颜色、效果等进行原样定制加工，对局部腐烂、松动的木窗采用"接梃换冒头"的传统修缮方法，原样修复。对损坏的门窗玻璃按品种予以配齐，油灰填嵌密实。铰链、执手、插销等五金件照原有样式补齐。所有木门窗油漆出白，批嵌打磨后抄油一度，调和漆二度。

4. 室内楼梯间、木地板等修缮

全面检查室内所有木格栅、踢脚板、木地板等，凡有腐烂、虫蛀、开裂的均予以修补与调换，并做好蚁患防治工作。

对有损坏的楼梯踏步板采用翻铺或更换方法修缮，栏杆松动的予以加固，损坏严重的按原样重做，油漆出白，重做调和漆。

5. 室内墙面

铲除室内起壳、开裂、破损墙面，采用 1：1：6 混合砂浆修补墙面。

（四）修缮后照片

二、中共中央军委机关旧址

（一）工程简介

①地址：新闸路613弄12～18号（原新闸路经远里1015号）

②建造年代：1912年

③建筑样式：旧式石库门

④建筑面积：364m²

⑤现有功能：展览、陈列

⑥保护级别：上海市文物保护单位

（二）历史图纸（部分）

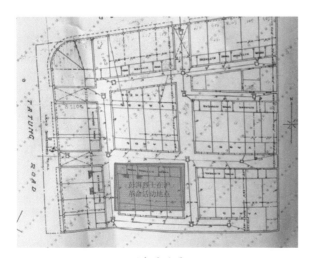

历史平面图

行号图

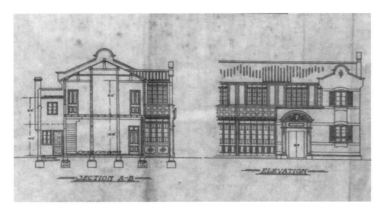

历史图纸

该处革命旧址见证了中共中央军委机关的峥嵘岁月，之后很长时间里它一直作为普通民居使用，已是"百岁高龄"。由于房屋年代久远，原始结构破损严重，结构体系薄弱，整体性差。所幸抢救性的保护修缮工程及时启动。本次修缮于2019年8月开工，同年11月通过了上海市文物局组织的专家竣工验收。

整个施工过程中，上海静安建筑装饰实业股份有限公司高度重视，派出了以"上海工匠"为技术核心的项目管理团队，全方位把控项目质量、安全、进度以及施工工艺技术、材料配比、筛选等工作。

（三）修缮部位与特色

由于房屋结构破败，建筑格局在使用过程中有多次改动，加上相关资料、依据不足。2019年初，在市文保专家对修缮方案的建议下，修缮工作有序推进。我们一边对存在危险的结构进行应急加固，一边指派工作小组，进行查勘、资料收集、重新整理工作，既确保房屋安全，又梳理出一套符合房屋原始风貌的修缮方案，并得到了各方专家认可。

1. 消除结构安全隐患

对房屋原始结构破损严重，结构体系薄弱，整体性差等现象，在修缮施工前，采用"内部钢管架支撑＋外墙面硬拉结"方式对房屋进行临时整体加固支撑，确保房屋在修缮阶段主体结构安全和施工安全。

结合房屋自身特点以及按照文物建筑"不可改变建筑原状与最小干预"的修缮原则，本次修缮工程对房屋各部位主要采用了下列施工工艺：

通过"增设钢筋混凝土基础、钢梁钢柱以及木柱、屋面木构件整体翻修、主体受力承重墙内墙面增设钢筋网，以提高受力墙体对抗外力的影响与主体稳定性，在一定程度上提高了房屋整体抗震能力，原位恢复了避潮层功能，使房屋整体结构与使用功能得到了一定程度的提升。

2. 提高中瓦屋面防渗防漏能力

针对"屋面不能满足房屋的结构安全和防水要求"问题，本次修缮通过对"中瓦屋面翻修，圆木桁条、木椽子的原材质增加截面更换、望板砖翻铺、铺设防水卷材"等措施；提高了房屋木构架整体稳定性、安全性和防水功能，恢复了中屋面瓦刺毛

结构加固现场图片

屋脊和中瓦靠墙凡水、檐口瓦箍头粉刷。

3. 恢复山墙观音兜、腰线、清水墙

房屋原有外墙风化、倾斜严重，且存在非原始房屋所有的粉刷层。本次修缮采用"剥除原粉刷、掏砌，别砌"等方法进行原样修复，恢复山墙上原有的观音兜与外墙上红砖腰线、台口出线。

采用了传统工艺和传统材料修补清水墙面，俗称："春光石灰"（水泥、细砂、石灰、稻草筋、细草纸、氧化系列色粉）进行修复。墙面修补前先清理、清除原有墙面粉刷、残留石灰浆、水泥浆后墙面浇水润湿，再用小铁板补粉调兑好的水泥灰浆，随粉随用铁板研光，砖块棱角应粉勒正齐。

在补嵌外墙圆灰缝时，同样采用了传统工与艺材料（水泥、纸筋灰、黄砂砂浆）

屋面修缮图片

山墙观音兜恢复

拌和，砂的粒径为 0.25～0.35mm，使用前应用 1000 目筛子筛砂。搅拌时一般要比粉刷砂浆更稠些，以免嵌入缝内流动不易胶结，并注意随用随拌，以免水泥过性。

嵌补时应先嵌长缝，后嵌头缝，灰缝要求与砖块胶合严密，不能有脱节、开裂等现象，并要求平直、通顺，圆灰缝水平垂直交界处应有 45° 夹角，最后用软刷等清扫工具，

恢复外墙腰线

修缮前材料考证、分析

清理、修补清水墙面

"春光石灰"配制中

勾嵌圆灰缝

清水墙修复后

清理墙面。上述过程减去了"平色与淋涂憎水剂"化学处理和人为干预手段，效果更接近原清水墙黏土烧结砖本体，肌理粘合牢靠，真正达到了"修旧如故"的效果。

该项目采用传统工艺修复的清水墙，是目前上海唯一在文物保护建筑和优秀历史保护建筑修缮工程中探索实施的项目，很大程度上体现了石库门房屋外立面原汁原味的清水墙效果，得到了行业内专家的认可。

4. 恢复石库门与门头灰塑花饰

严格按照文物建筑保护法规、条例，采用传统工艺工法、材料、配比等进行修缮。经过手工放样、用料配比、色泽调试、检查复核等方式恢复了4座石库大门上的泥纸筋灰塑雕花装饰以及原有石库门的水磨石门框，对破损的石库木门及圆形铁质门环进行了修复，恢复了历史原貌。

石库门头灰塑花饰经过历年整修已缺失

石库门头灰塑小样试制中

门头灰塑花饰修复

门头灰塑花饰修复

修缮后效果

5. 修复室外木门窗

对原有破损、腐烂木门窗进行检修出白、接梃换卯、重刷油漆；更换原有铝合金、塑钢、防盗门、窗，按照历史图纸、设计文件等制定样品，一一确认了恢复木门窗的油漆颜色、尺寸、规格、材质、五金样式等，并根据样品定加工后安装。

（四）修缮后照片

三、茂名北路毛泽东旧居

（一）工程简介

①地址：茂名北路 120 弄 7 号（原慕尔鸣路甲秀里 318 号）

②建造年代：1915 年

③建筑样式：旧式石库门

④建筑面积：156m²

⑤现有功能：展示、陈列

⑥保护级别：上海市文物保护单位

（二）历史图纸（部分）

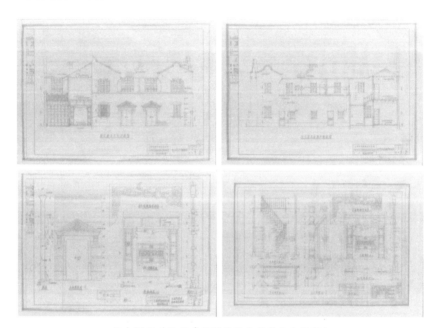

历史图纸（民用建筑设计院乔舒祺先生绘制）

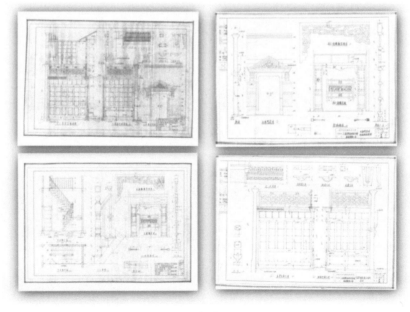

历史图纸

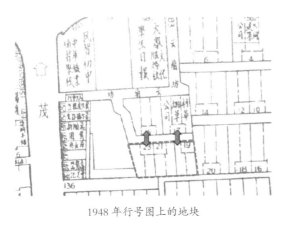

1948 年行号图上的地块　　　　　　　　　　1948 年该地块航拍照片

甲秀里历史照片

茂名北路威海路交叉口东南方向，在周围鳞次栉比的高楼群中，保留着一幢旧式石库门建筑。这里曾经是毛泽东 1924 年来上海工作时所居住的地方，也是他在上海居住时间最长、并和杨开慧一起开展革命工作的住所，具有重要的历史人文价值。如今这里成为毛泽东纪念馆和毛泽东旧居原址陈列馆（7 号为毛泽东旧居原址陈列馆，5、9 号为毛泽东纪念馆）向公众开放参观。

毛泽东旧居位于上海市茂名北路 120

弄 5 ～ 9 号（原慕尔鸣路甲秀里 317、318、319 号），建于 1915 年，占地面积约 576m²，建筑总长度约 23.2m，总宽度约 13.2m，系典型的旧式石库门建筑住宅，1977 年被公布为上海文物保护单位。

（三）修缮部位与特色

2015 年上海市文物局同意静安区文化局提出修缮茂名北路 120 弄毛泽东旧居的申请，由上海建筑装饰（集团）设计有限公司承担旧居的修缮设计，上海静安建筑装饰实业股份有限公司承担修缮施工。

本次修缮施工，幸运地找到了一套1960年由上海市民用建筑设计院乔舒祺先生绘制的威海卫路甲秀里复原设计图纸。依据该图纸采用传统材质和工艺，并参照同时期相类似建筑，对建筑室内外典型细部（门头、弄堂对景墙面、石库门、门窗形式、窗楣窗台、墙面线脚、山墙、彩排头、檐口线脚、弹格路等）进行了逐一复原、修缮，最大程度地恢复了毛泽东旧居石库门建筑的历史风貌。

1. 弄内历史风貌场景复原

由于城市发展建设，如今甲秀里周边新建了不少房屋，只留存了5、7、9号。对照历史照片、1948年的行号图、1948年的航拍照片后，确认甲秀里的里弄格局。

本次修缮恢复了弄堂的历史风貌和格局，按照甲秀里正立面样式，在对景墙上新做立面，复原立面采用老青砖砌筑，达到整体风貌统一的效果，同时又遵循可识别性原则，石库门门套采用斩假石做法，与原有石材门套有所区别。

参照历史图纸，修正外立面错误的红砖线脚，铲除这些部位的砖片，定制石库门的门楣山花、窗楣、窗台、檐口压顶等装饰细部。1960年的图纸不仅有内里的结构，甚至还包括门头山花的纹路，在修缮时，为修旧如旧提供了形象的参照。按传统工艺重做铁质窗格栅、木百页窗、木窗、木门等构件。按传统工艺重做勒脚，用水泥砂浆粉刷勒脚顶端为弧形凹凸线条，与石库门勒脚交接面以45°斜面过渡。

弄内修缮前后

2. 甲秀里入口门头修缮

在修缮前，甲秀里入口门头采用黄色真石漆，与石库门的青砖外墙极不协调；入口西侧紧贴一家五金店，门面店招影响甲秀里风貌；弄堂内部电线凌乱；地面青砖布满青苔，雨天湿滑。

在多方努力下，本次修缮迁走五金店，将其改为毛泽东旧居服务中心及安检厅；拆除原有搭建的售票处，扩大疏散通道；入口门头采用传统工艺重做青色水刷石，大铁门外增设枪篱笆遮挡，重做毛石防滑铺地，清理架空线路，将配电箱移至隐蔽部位，整体提升院内环境。

3. 室内木制挂落纱格修理

在室内，参照历史图纸，借鉴相似建

修缮前的甲秀里入口

修缮后的甲秀里入口

复原后的木室板墙及上部板条格栅

筑做法，按传统工艺采用红心杉木复原挂
落纱格，重做木室板墙及上部板条格栅，
编织角度由原来的45°改为60°，表面重
做枣红色广漆。

（四）修缮后照片

甲秀里经过修缮恢复了历史原貌，老馆原有陈设被优化，新增了大量毛泽东1924年在国民党上海执行部工作期间的书信、文件等展品与史料，重现了毛泽东一家当年居住时的场景，重点展示了毛泽东在新民主主义时期在上海的活动足迹。

修缮后的毛泽东旧居陈列馆，作为传承上海红色基因的重要场馆，成为国内外游客寻找上海红色印记的必到打卡地点。

四、中国劳动组合书记部旧址

（一）工程简介

① 地址：成都北路893弄1～11号
② 建造年代：20世纪20年代
③ 建筑样式：旧式石库门
④ 建筑面积：437m²
⑤ 现有功能：展示、陈列
⑥ 保护级别：上海市文物保护单位

（二）历史图纸（部分）

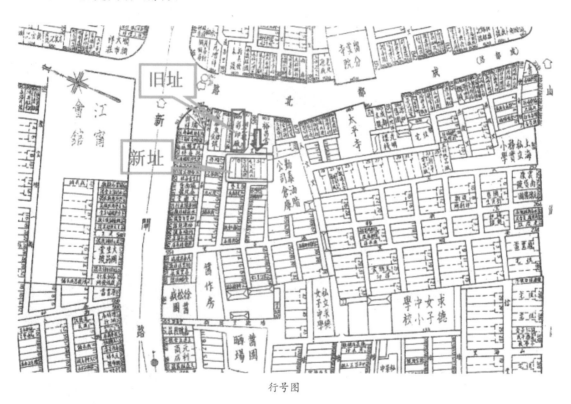

行号图

（三）修缮部位与特色

中国劳动组合书记部旧址自上海静安建筑装饰实业股份有限公司2005年修缮后做陈列馆至今，由于周边基地开挖等现场等原因，根据房屋勘察报告情况调查显示房屋整体存在一定的不均匀沉降，建筑现状存在一定老化和损坏，局部外墙出现开裂、底层墙根受潮霉变、涂料起皮剥落等现象，以及各类设备老化，所以该房屋急需一次彻底的修缮与保护。

本次修缮严格遵循《上海市文物保护条例》、各国标规范以及劳动组合书记部旧址设计方案，建筑的立面和结构体系不得改变。秉着"保护为主、抢救第一、合理利用、加强管理"的方针，结合文物保护单位"最小干预原则、可识别性原则、原真性原则、可逆性原则"，修缮前对文物做全面深入研究，包括原始图纸、资料照片和文字资料等，力求全面地把文物完整的面貌和完整的历史，整理具有文化、艺术、技术意义的历史信息，保存历史价值的多重价值，从而在修缮过程中，做到原汁原味，真实有据。

1．结构加固工程

1）楼面木搁栅损坏部位修缮

本次修缮需对木搁栅搁置端腐烂情况及搁置长度进行全面检查，对踢脚线脱开部位重点检查，对进墙端腐烂及搁置长度不满足要求的木搁栅，本次采用同规格同材料木搁栅予以整根调换，同时做好防火、防腐处理。其中 9-11 单元木搁栅间距为 600mm，故需要加密至 300mm。所有新换木搁栅在墙上的搁置长度为 120mm，进墙端均需刷防腐剂两度，进墙处空隙用 1：2 水泥沙浆填实。木楼盖剪刀撑松脱处应补齐并钉牢。

2）房屋墙体修缮

本次修缮应在修缮前全面检查所有墙体，对所有裂缝进行标记记录，对不同裂缝采取不同方法加固修复。

对砖墙非贯穿的结构裂缝，采用填缝法加固修复。采用填充法修补裂缝前，首先应剔凿干净裂缝表面的抹灰层，然后沿裂缝开凿 U 形槽，槽深不小于 15mm，槽宽不小于 20mm。填充材料采用改性环氧砂浆，砖墙裂缝修补后，内外墙再按原饰面修复。

对部分砖墙结构贯穿裂缝，为尽量减少对红砖清水墙的破坏，采用聚醋酸乙烯乳液低压灌浆进行加固修复。在水泥浆液中掺入一定量悬浮剂，借助外来气压等，将浆液灌注入墙体裂缝内，提高墙体黏结力和抗剪、抗拉强度，达到加固及修复墙体裂缝的目的。灌浆浆液采用聚醋酸乙烯乳液水泥聚合浆。

3）混凝土构件修缮

大楼存在部分混凝土构件，二层梁板亦为现浇钢筋混凝土梁板，部分混凝土构件铁胀漏筋严重。

修缮时全面检修混凝土构件，对开裂露筋的混凝土构件，采用专用聚合物水泥砂浆修补。先清除钢筋锈胀处松散、离鼓的混凝土，并须沿钢筋长度方向剔除至钢筋与混凝土结合牢固处，剔凿后露出钢筋须除锈去污，并刷钢筋阻锈剂一道，最后采用专用聚合物水泥砂浆修补缺损部位。

2．屋面工程

屋面修缮将根据本工程特点，先高后低进行，即先进行高屋面的修缮工作，待高处屋面完成修缮后再进行低屋面的修缮工作，防止修缮后屋面踩踏污染和损坏，确保屋面工程质量。

1）屋面各构件修缮

将屋面上残缺不齐的中瓦及望板砖卸至落地，清理清洗后小心保存。对屋面原木、屋面封板逐一仔细检查。对腐烂的原木，将根据腐烂程度进行调换、绑接或铁件连接处理，确保结构安全性。拆除屋面封板，调整木桁条间距。由于屋面板常年失修，会造成板钉缺失松动，所以将对木桁条加钉加固，保证屋面原木桁条间安装牢固，无松动现象。并作防腐防火处理，油漆色彩与木格栅一致。

对于严重影响结构安全的木连接件等损坏情况，将执行先支撑后加固的原则，确保加固过程中万无一失。

2）中瓦屋面翻修及做法

劳动书记组合部旧址屋面部分为中瓦屋面，本次修缮时应予以彻底翻修。施工时注意串瓦补瓦，即将屋面滑动及搭盖不密贴的瓦片进行串动，并适当补瓦，使屋面瓦片按原始规格搭盖密贴，各所补瓦片其规格、颜色、材质须与原始瓦片相同。串瓦时，应将破裂、缺角等破损瓦片除去，换为同规格、同颜色、同材质的好瓦。

3. 外墙工程

1）外立面清理

脚手架搭设完毕后首先清理外立面废弃物，清理内容包括：后加的外墙假清水饰面层、废弃铁架、管线、膨胀螺丝、以及其他废弃附着物。

2）清水墙施工

本建筑外立面为青砖平缝清水墙样式。外立面因年久失修出现不同程度风化、剥落、开裂等现象，此次修缮将对外立面清水墙损坏严重部分进行整体修复，以恢复其原有风貌。

清水砖墙砖缝必须采用专用修粉材料与嵌缝材料，缝隙上下对齐，粗细、深浅一致。修补后的清水墙墙面色泽应与原始砖墙协调，表面平整，头角方正，砖面无明显接头。剔除损坏灰缝，除清浮灰，按原材料和嵌缝形式修补，不准描缝。恢复后平灰缝应平直、密实、和顺、无松动、

无断裂、无漏嵌。

3）水刷石门框及石库门头花饰修缮

首先对原水刷石门框（其中门楣和门侧柱饰样）进行全面仔细检查、勘探，并划出需要修理的部位，并测绘记录原有样式、图案，复核图纸尺寸，根据不同损坏程度制定不同修理方案。

水刷石的基层处理与一般抹灰相同。基层处理后即抹底层和中层砂浆，底层和中层表面应划毛。待抹灰中层六至七成干后，要浇水润湿中层抹灰，并满刮水灰比（0.37～0.40）素水泥浆一道，然后按设计要求弹线分格、粘贴分格条，继而抹面层水泥石粒浆。面层石粒浆常用2mm白色米粒石，内掺30%，粒径0.3mm左右的白云石屑。

先薄薄地抹一层砂浆，待稍收水后再抹一遍砂浆与分格条平，并用刮子赶平。待第二层收水后，再用木抹子打磨拍实，上下顺势溜直，不得有砂眼、空隙，水泥石粒浆必须一次抹完。

然后，对施工部位用500目手提磨光机按序打磨，然后对水刷石面层整体打磨、抛光。用手提抛光机从800目磨光片逐步换至2000目以上的磨光片，提高抛光度、光滑度，使整体水刷石面出亮度一致。

（1）施工准备

主要材料：硅酸盐水泥、矿物颜料、石粒、碎贝壳、分格条、铜条、砂、草酸、白蜡及22号铁丝。

主要机具：水刷石机、滚筒、木抹子、毛刷子、铁畚箕、靠尺、手推车、平锹、5mm孔径筛子、油石、胶皮水管、大小水桶、扫帚、钢丝刷、铁錾等。

（2）作业条件

做完墙面门套基层层，按标高留出磨

石层厚度。

石料应分别过筛，并洗净无杂物。

（3）操作工艺

工艺流程：

基础处理

找标高

弹水平线

铺抹找平层

养护

弹分割线

镶分割条

拌制水刷石拌和料

涂水泥砂浆结和层

铺水刷石拌合料

滚压、抹平

试磨

粗磨

细磨

磨光

草酸清洗

打蜡上光

（4）雨水管翻做

经现场查勘，雨水管因年久失修有很大程度损坏、腐烂，部分材质已被替换。本次修缮根据设计方案对全部雨水管更换为 80mm×110mm 白铁皮，颜色同外立面木构件。

雨水斗参考同时期同风格建筑，采用白铁皮方雨水斗予以更换，均刷红丹防锈漆一度，黑色调和漆两度。

（5）勒脚修复

对开裂、损坏的勒脚，进行切割凿除，用同类水泥砂浆搅拌补于缺陷处，基层完好的予以保留，外墙涂料施工时进行整体涂料施工。

4．木门窗工程

1）石库门木门修缮

东立面石库门建筑的进屋即建筑物正位，由于历年大修时修修接接等涂装、上下门沿材质腐烂后不清，已非石库木门原样。本次修缮应予彻底全面恢复。

首先从选材上，尊重原石库门建筑风貌。木质材料应选用上等原木"红芯云杉"老杉木原木，一般选用直径 150mm 以上原木"红芯云杉"，直纹、无枯结、死结的原木。

石库门板厚度控制在 55mm，石库门的长、宽则根据石库门洞合理落料。每扇门扇的上、下部均有 2 道铁扁担双面固定拼接的门板。铁扁担按每扇门板实拼块数打孔（每块实拼门板打孔不少于 2 个），然后用 12mm 的元沉头铁方钉钉牢固（元沉头铁方钉可以定加工），方钉粗细为 6.5mm×6.5mm，长 50mm。每块实拼门板接缝处均有竹梢拼接门板，板缝拼接采用高低缝拼接，涂黑色油漆，并恢复铜门环。石库门胶合采用上端木摇梗，下端元沉头铁方钉作下摇梗、浇铸铁质摇梗白。凡五金铁器均应涂刷防锈漆处理，面漆与木门一起统刷一底二度油漆。

2）木门窗修缮

根据设计要求保留的历史木门窗应清洗出白，重新油漆，油漆颜色应严格按照历史原样。

修缮施工选用与原木木窗一致的规格、材质纹理相近的木材，木材含水率应控制在 8%～12%，装钉平整、严密、牢固，与原有木作装饰基本一致。木板接头应错开，表面平整并刨光，无刨痕、无锤印、无戗茬和毛刺，色泽协调。

按损坏情况，采用更换或接补方法，

修复损坏的窗扇、木横头、挺、框构件。整修出白脱漆，面层用细砂纸打磨，批腻修补，涂刷半亚光开放硝基漆。新做的木门窗，要求先做试样。木门窗必须进行门窗开启扇校正，使门窗扇关闭严密，开启灵活，再安装五金件并保证使用应灵活，松紧适宜。

5. 室内工程

1）木楼梯修缮

根据设计文件对其进行修缮；有破损的踏步板，根据其破损程度予以翻身或更换，对踢脚板、三角木、扶手等进行检修、整修、修出白；有松动的应做好相应加固措施；所有更换材料应与原木楼梯材质一致，重刷栗壳色调和漆。

施工前仔细核对每块木踏步板，情况尚佳的木踏步板进行翻身处理，损坏或变形严重的、不能满足功能性和美观要求的按照原材质更换。

缺失的木踢脚线新做，按原样式恢复；楼梯木木栏杆、木扶手整修出白，油性腻子批嵌、沙皮打磨后按设计确认后的小样颜色重刷油漆。

2）木地板施工方案

地板接头拼接平整、不漏灰，不起鼓、不松动、不踢脚。木扶梯基、踏脚板、扶手、柱头和木栏杆不松动，栏杆底部应做榫头，三角木制作应准确，与扶梯基钉牢固，步行时无挤轧声。踏步平整不踢，拼缝应靠里档，踏步板挑出 30mm 以上应加叠角线。木构件靠墙或进墙部位应刷防腐剂，铁件应除锈，涂防锈漆处理。木作式样应根据设计要求和查勘式样封原样制作。

6. 白蚁防治及设备工程

本次修缮对所有屋面构件、木构件、墙地面、电线管槽等隐蔽部位进行白蚁防治工作，同时根据设计方案更新设施设备（强弱电、暖通、给排水），满足消防、环境保护、节能减排等要求，提升今后场馆、展陈的使用功能。

（四）修缮后照片

五、老渔阳里2号新青年编辑部旧址

（一）工程简介

①地址：《新青年》编辑部旧址南昌路100弄2号修缮工程

②建造年代：1912年

③建筑样式：旧式石库门建筑住宅

④建筑面积：168m²

⑤现有功能：展示

⑥保护级别：上海市文物保护单位

（二）历史图纸（部分）

在黄浦区北部，位处于衡山路—复兴路历史文化风貌区内，南昌路与雁荡路交界处西北方向，保留着一栋石库门旧式里弄建筑。这里曾是《新青年》编辑部的旧址，中国共产党第一次全国代表大会决定在此处成立党中央工作部，并于1921年至1923年在此办公。如今这里已成为红色革命教育基地，向公众开放参观。

《新青年》编辑部旧址位于南昌路100弄2号，建于1912年，建筑面积约168m²，建筑总长度7.12米，总宽度14.82米，系典型的旧式石库门建筑住宅。这里原为安徽都督柏文蔚的寓所。1920年初，陈独秀自京抵沪，在此寓居，《新青年》

《新青年》编辑部旧址总平面

编辑部也随迁于此。1920年6月，陈独秀与李汉俊、俞秀松、施存统、陈公培在此开会，成立上海共产党早期组织——社会共产党，这是中国第一个共产党组织。可以说老渔阳里2号是红色之源，1980年被公布为上海文物保护单位。

（三）修缮部位与特色

2018年6月，《新青年》编辑部旧址修缮保护再利用工程启动，通过房屋置换，腾退了四户居民，开展修缮工作，由上海建筑装饰（集团）设计有限公司承担该文物建筑的修缮设计，上海美达建筑工程有

50年代左右旧址　　　　60年代左右旧址　　　　2018年修缮前　　　　2019年修缮后

门头复原过程

修缮前外观　　　　　　　　　　　　修缮后外观

屋面修缮

限公司承担修缮施工。

1. 恢复石库门原貌

根据残留在外墙内的历史痕迹以及老照片上的装饰纹样，对石库门三角形门楣进行测绘，等比例放样绘制门楣图案及详图。得到业主、专家和原住居民多方认可后，按1:1制作模具，加工成统一成型的山花图案，最后进行成品制作和拼色。门楣飞砖采用相同尺寸和颜色接近的红砖精细雕琢而成。

2. 修复清水砖外墙

在修缮前，《新青年》编辑部旧址外墙以及老渔阳里整个弄堂内石库门房屋外立面都在历次修补过程中表面覆盖了厚厚的粉刷，面层还刷上了涂料饰面。根据历史照片考证，本次修缮清洗、凿除表面粉刷，重开砖缝，寻找同时期色泽、尺寸相同的旧砖进行嵌补，保证每块砖面均有大小不等的原始砖面外露，恢复原有清水墙。

3. 屋面修缮

修缮前，南昌路2号屋面局部有后期修补的红色机平瓦，与原建筑小青瓦材质不符。本次修缮工程翻修屋面，拆除后期改动的红色机平瓦，统一更换为小青瓦屋面。特色的鳗鲡脊屋脊按原有规格、材质、

尺寸重新铺装，并粉瓦窝头收头。

4. 室内雕花挂落复原

一层西厢房中原有石库门民居里常出现的木质雕花格纱挂落（样式同二层），在后期居民使用过程中改为隔墙。本次工程将后期搭建隔墙拆除，按照二层相同挂落样式恢复，表面广漆工艺重做。

室内雕花挂落复原

修缮后的正厅

5．黄砂水泥地坪复原

正厅地坪根据反复考证，参考同时期同类型房屋材料，并请文物专家反复论证，最终确定了恢复水泥地坪的方案。

6．灶间复原

根据历史资料和同时期同类型房屋布置，恢复原一层灶间的灶台陈设。

修缮后的灶间

（四）修缮后照片

经过近两年的置换、修缮、布展，2020 年 8 月 13 日，上海市级文物保护单位、修缮后的老渔阳里 2 号"《新青年》编辑部旧址"正式更名为"中国共产党发起组成立地（《新青年》编辑部）旧址"，作为红色革命旧址正式对外开放参观。

木装修部分查勘符号表

顺序号	名称	符号及说明	顺序号	名称	符号及说明
1	门窗整理	○ 遇双门窗记作 ② 依次类推	21	补槛子	▽ 补二处时记作 ▽₂ 依次类推
2	门窗拆装	△ 遇双门窗记作 △₂ 依次类推	22	换一槛子梃一槛子冒	换一槛子梃换一槛子上槛
3	窝铁曲尺	∠ 窝二只时记作 ∠₂ 依次类推	23	接一槛子梃换一槛子上槛	接一槛子梃换一槛子下槛时记作
4	接一梃	│ 接二梃时记作 │₂ 依次类推	24	换一槛子梃一槛子槛	
5	换一梃	✳ 换二梃时记作 ✳₂ 依次类推	25	接二槛子梃换一槛子槛	
6	换一冒	⚹ 上中下冒头分别记作 上 中 下	26	石库门拍冒头	⌂
7	换门芯芯子	╋ 换二根时记作 ╋₂ 依次类推	27	拼门窗框	
8	换一梃换一冒		28	冒头垫高	
9	换一梃一冒	上中下冒头分别用文字注明	29	加配铲口条	
10	接一梃换一梃一冒		30	换浜子线	⊠
11	接一梃换一梃二冒		31	补锁眼	◐
12	接二梃换一冒	上中下冒头分别用文字注明	32	补铰链窝	
13	接二梃换二冒		33	新钉修钉盖缝条	
14	换二梃一冒		34	新钉修钉玻璃压条	
15	接槛子梃	接二根时记作 接槛子脚同	35	新钉修钉上木门白	下木门白记作
16	换槛字梃	换二根时记作 依次类推	36	新钉修钉上铁白	下铁白记作
17	换槛字冒头		37	新做修接木摇梗	↓
18	接槛字下槛	▭	38	新钉修钉铁摇梗	↓
19	换槛子下槛	做水泥槛记作	39	新做一横芯窗	目
20	钉拖水冒头	＞	40	新做二横芯窗	昌

顺序号	名称	符号及说明	顺序号	名称	符号及说明
41	新做三横芯窗		53	新换门肚板	
42	新做普通门窗		54	加斜撑	
43	新做普通门窗樘	双扇门窗樘记作依次类推	55	整理大扶梯	
44	新做有腰门窗樘	双扇门窗樘记作依次类推	56	踏步板换新	遇明筋式记作
45	新做落地长窗樘	四扇长窗樘记作依次类推	57	踏步板翻身	遇明筋式记作
46	新做普通门窗连樘		58	踏步板拼阔	遇明筋式记作
47	新做有腰门窗连樘		59	踏步踢脚板换新	
48	新做长窗连樘		60	踏步踢脚板拆钉	
49	新做三冒头二斜撑木门		61	小扶梯	
50	新做薄板木门		62	扶手	遇不同修理要求时分别以新拆修表示
51	新做三冒头进槽木门		63	栏杆	
52	修理门肚板		64	楼地板	

木糙场部分查勘符号表

顺序号	名称	符号及说明	顺序号	名称	符号及说明
65	加楼搁栅		74	修换网眼条	
66	踢脚板	遇不同修理要求时分别以新拆修表示	75	施工用木顶撑	
67	板壁		76	封檐板	遇不同修理要求时分别以新拆修表示
68	板壁加挡		77	修接木柱	锯木柱脚记作
69	板条墙	遇不同修理要求时分别以新拆修表示	78	加桁条	
70	单面钢丝网板条墙		79	新做屋架	
71	双面钢丝网板条墙		80	窗口三角晒衣架	遇不同修理要求时分别以新拆修表示
72	板条平顶	遇不同修理要求时分别以新拆修表示	81	晒台晒衣架	遇不同修理要求时分别以新拆修表示
73	钢丝网平顶		82	落地晒衣架	

房屋修理查勘记录单（泥工）

地点： 路 弄 号 楼 室

顺序号	劳动定额	工程项目及修法	单位	计划数量 计划工时	实做数量 实做工时	计划数量 计划工时	实做数量 实做工时	计划数量 计划工时	实做数量 实做工时	计划数量 计划工时	实做数量 实做工时	合计 计划数量 计划工时	合计 实做数量 实做工时	计划添料数量

本页合计计划工时 _____ 时 _____ 分

查勘人： 年 月 日

房屋修理查勘记录单（木工）

地点：

路　　　弄　　号（第　　段）

部位代号	项目和修法	单位	铰链			插销		风钩		铁曲尺		方木							毛板	企口板	刨花板	三夹板	铁摇梗	铁油毡条	铁扁担	石库门白梗	石库门	铁器 石库门
			2½"	3"	3½"	4"	6"	8"	6"	5"	6"	2.5×4	46	5×7.5	5×10	5×15	4×20	7.5×10										
			只	只	只	支	支	支	只	只	只	m	m	m	m	m	m	m	m	张	张	张	只	只	根			
	门窗修理分类（简）	工数																										
		工时																										
		整理量																										
		拆装整理																										
	计划数量 实际工时	小修 中修 大修																										

说明：

说明：

说明：

查勘日期：　　　年　　月　　日　　　　　　查勘人：

229

房屋修理查勘记录单（铁工）

工地　　　　地点：　　　路　　　弄　　　号　　　楼

部位	单位	数量						
门修理	档							
窗修理	档							
窗修理	档							
调下坎	根							
调里框料	根							
调直料	根							
拆装B铰	块	108						
调B铰	块	107						
调铰	块							
调锁壳	只							
修锁	把							
拔水板	块							
修晒衣架								
调弯状头	只	93						
调小耳朵	只	90						
调如意棒	根							
调罗丝撑	根							
调双牙执手	只	119						
拆子板	块	33						
修拆子板	樘	34						
调风钩	根							
铁脚	只							
钢门插销	只							
新做晒衣架	m							
新做窗栅	m²							
合计								

预算编号　　　工时

本页合计计划工时　　　时　　　分　　　查勘人：　　　年　　　月　　　日

房屋修理查勘记录单（电工）

路（　）　弄（　）　号（　）　楼（　）　室（　）

代号	部位	项目和修法	计划工时	皮线	皮线	花线	槽板	磁夹板	拉线开关	胶木灯头	平灯头	磁吊线合	直磁管	方木	双连木	元木	电管	木套	骑马	方板	闸刀	插铅丝	扑落	平开关	人字木
				1/18	2×1/18		1/½"	1/½"					3/8"	3"		3"	5/8"	5/8"	5/8"	7"×9"	10A	10A			
				米	米	米	米	米	只	只	只	只	支	块	块	块	米	只	只	块	把	只	只	只	块
		说明：																							
		说明：																								
		说明：																								

说明：

查勘日期：　　　年　　月　　日

查勘人：

房屋修理查勘记录单（油漆工）

路　　弄（　　）　号（　　）　楼　　室（　　）

代号	房屋部位	项目和修法	单位	计划		实做		调整工时	质量	材料名称		
				数量	工时	数量	工时			规格	单位	
合计												

查勘日期：　　年　　月　　日　　　　查勘人：

水、暖、空调工程修理查勘记录单

(生产任务单)

工程编号											查勘日期	年 月
工程地点											施工日期	年 月
工程部位及其项目	材料名称	估计		实际		材料名称	估计		实际		施工草图或施工说明	
		数量	单位	数量	单位		单位	数量	单位			
											查勘：	
											施工：	

233

工程预算表

预算编号	工程项目	说明	单位	数量	预算价格		备注
					单价	总价	

工程编号

工程地点

制表日期　　　年　　月

建筑面积　　　m²　　　每 m² 金额　　　元　　　计划工数　　　工　　　每 m² 耗工　　　工　　　计划产值

主管　　　审核　　　设计　　　复核　　　制表

234

房屋修理查勘任务单

表四

木工屋面　1-1

地址：

项目（规格／单位）部位	木桁条 Φ1.0 根（调换增加）加固	木桁条 根 加固	屋面板 检修 1/2	屋面板 30内 拆换 1/2	屋面板 30外 拆换 1/2	屋面板 30内 新铺 1/2	屋面板 纤维 拆换 1/2	屋面板 纤维 新铺 1/2	屋面板 油毡 拆换 1/2	格橡 30° 拆钉 1/2	格橡 30°以内 拆换 1/2	格橡 以内 新钉 1/2	椽子 中屋 拆钉 1/2	椽子 中屋 拆换 1/2	椽子 平屋 拆换 1/2	椽子 平屋 检修	天斜沟底板 检修 1/2	天斜沟底板 拆钉 1/2	天斜沟底板 厚20 拆换	老虎窗 双 只 翻做	老虎窗 三（中改平）翻做 1/2	老虎窗 四 翻做 1/2	老虎窗 单 只 翻做	老虎窗 三（平瓦）翻做 1/2	老虎窗 四 翻做 1/2	封檐板 含油 新钉 1/1	封檐板 含油 拆换 1/1	槽口平顶 板条 检修 1/2	槽口平顶 板条 修补 1/2	屋面含油（斜冶）翻做 1/2	天斜冶（含油）白铁 翻做 1/1
门牌 部位：屋面 查勘数量																															
门牌 部位：屋面 查勘数量																															
门牌 部位：屋面 查勘数量																															
门牌 部位：屋面 街面 查勘数量																															
门牌 部位：屋面 查勘数量																															
门牌 部位： 查勘数量																															
门牌 部位： 查勘数量																															
门牌 号 部位： 查勘数量																															
门牌 号 部位： 查勘数量																															
门牌 号 部位： 查勘数量																															

说明：

审核：　　　　　查勘：　　　　　查勘日期：　年　月　日

名词术语

1. 基本术语

①修缮

为保持和恢复既有房屋的完好状态，以及提高其使用功能，进行维护、维修、改造的各种行为。

②查勘

房屋修缮前，对房屋损坏部位、项目及程度进行的检查、勘测，并确定修缮范围、方法和工程计量的工作。

③小修

及时修复小损小坏，保持房屋完好状态的维护工程。

④中修

房屋部分项目已经损坏或影响正常使用，需进行局部维修或单项目维修（不涉及结构修复）的修缮工程。

⑤大修

房屋结构或装饰部分已严重损坏，需拆换、加固部分主体构件，更新设备管线，但不需全部拆除的修缮工程。

⑥拆落地大修

房屋原基础基本保留，上部结构拆除后重建的工程。

⑦翻修

房屋已失去修缮价值，主体结构全部或大部严重损坏，其房屋需全部拆除，另行设计、重新建造的工程。

⑧改造

对既有房屋采用改变建筑空间布局、外扩面积、改变结构承重体系、拆换更新设备设施、整治外立面等方式，使房屋建筑空间、结构体系、使用功能得到明显改善的修缮方式。

⑨成套改造

对规划需保留，厨房、卫生间不成套旧住房，通过调整平面和空间布局、拆除重建等改造方式，增添和改善厨卫设施，完善房屋成套使用功能的综合改造方式。

⑩厨卫综合改造

对未列入征收或旧区改造范围、安全和使用矛盾突出，以里弄房屋为主的不成套旧住房，重点完成厨卫设施改造、完善厨卫功能的综合改造方式。

⑪屋面及相关设施改造

对规划保留的旧住房（以多层住宅为主），重点改善房屋设施、消除安全隐患，并进行屋面、电气设施、给排水设施，及小区其他附属设施等项目的综合改造方式。

⑫平改坡工程

在建筑结构许可条件下，将房屋平屋面改建成坡屋顶，达到改善住宅性能和建筑物外观视觉效果的房屋修缮工程。

⑬二次供水改造

对居民住宅小区内的供水水箱、水池、管道、阀门、水泵、计量器具及其附属设施等进行的更新改造。

⑭花园住宅

四面或三面临空，一般附有一定花园空地，具有成幢独用住宅形态的独立式或和合式低层住宅。

⑮公寓

具有分层住宅形态，各独立居住单元均有室号及专门出入，原始设计有客厅、卧室、卫生间、厨房，或兼有餐厅、阳台、冷暖设备、电梯设备的住宅。

⑯新里

即"新式里弄"，结构装修较好，具有卫生设备或兼有小花园、矮围墙、阳台等设施的联接式住宅。

⑰旧里

即"旧式里弄"，联接式的广式或石库门砖木结构，设备简陋，屋外空地狭窄，一般无卫生设备的住宅。

⑱新工房

中华人民共和国成立后建造，各有室号及专门出入，有独用或公用厨房、卫生间、阳台等的多层或高层住宅。

⑲联列住宅

多单元（三个或三个以上）联列，具有分单元住宅形态，各有门牌号及专门出入，成单元独用的联接式低层住宅。

⑳简屋

供居住用的，标准低的，即瓦屋面、木屋架、砖墙身三项条件中，至少有一项未能符合要求的简陋房屋、临时房屋。

㉑农村住宅

在本市集体土地上依法个人自建或集体建造的住宅。

㉒天井

里弄房屋中四周为客堂、灶间、厢房或围墙围合而成的空地。

㉓前天井

里弄房屋主体建筑正面入口露天空地。

㉔后天井

里弄房屋主体建筑背面露天空地。

㉕客堂

里弄房屋底层正对天井，原用于接待访客、洽谈事务的房间。

㉖厢房

里弄房屋客堂或前楼两侧位于次要开间的房间，根据所处位置又分东、西厢房和前、中、后厢房。

㉗灶间

里弄房屋中的厨房，一般位于底层客堂背面，有小门通道通往后天井。

㉘前楼

里弄房屋中主要开间二层正面、位于前客堂上方的房间。

㉙后楼

里弄房屋中主要开间二层中部、位于前楼与楼梯间之间的房间。

㉚二层阁

里弄房屋中利用楼板下、客堂之上富余的层高空间分隔出来的空间，一般用于储藏之用，住房条件紧张时也用于临时居住。

㉛亭子间

里弄房屋中位于灶间之上、晒台之下的房屋空间，原设计用作堆放杂物，或供人居住。

㉜晒台

里弄房屋中，亭子间之上的露台，一般作晒物晾衣、日常活动之用。

㉝晒搭

即"晒台搭建"，里弄房屋中利用晒台上的空间搭建的房间。

㉞三层阁

里弄房屋中利用坡屋顶下三角空间搭建楼板分隔出来的空间，根据所处位置不同，分为前、后三层阁。

㉟过街楼

在里弄总弄或支弄之间，为增加面积，利用二层以上的两幢相邻房屋山墙，按正屋深度加设的、楼下供人通行的架空房间。

2. 砌筑工程

（1）基本名词

①清水碎砖垫层

以粒径较大（4～6cm）碎砖为主要材料，不进行浆料填充、分层铺设，夯实而成的垫层。

②清水道渣垫层

以粒径较大（4～6cm）的碎石为主要材料，不进行浆料填充、分层铺设，夯实而成的垫层。

③三合土垫层

以碎砖、黄土、石灰三种材料，进行浆料填充、夯实而成的垫层。

④素混凝土垫层

不布设钢筋，仅以混凝土为材料铺设的垫层。

⑤砖砌大放脚

断面成阶梯状逐层放宽、将墙的荷载分散传递到地基上的砖基础。

⑥地垄墙

房屋底层空铺木地板下，使地搁栅增加支撑点和减小跨度、以减少搁栅挠度和缩小材料断面的承重矮墙。

⑦碎皮石

里弄房屋或古建筑中，承载上部木屋架荷载、在最下方作为基础填埋、与地坪持平的方石。

⑧鼓磴

里弄房屋或古建筑中，木柱底与碎皮石间的、具有防潮与装饰作用的石础。

⑨防潮层

即"避潮层"，为防止地面以下土壤中的水分进入砖墙而设置的材料层。

⑩避潮层

即"防潮层"。

⑪混水墙

砌筑完后整体抹灰的砌体墙面。

⑫清水墙

外墙面砌成后，只需勾缝，即成为成品，不需要外墙面装饰的砌体墙面。

⑬（清水墙）平缝

清水墙中，与砖砌墙面齐平的灰缝。

⑭（清水墙）斜缝

清水墙中，灰缝上口压进墙面3-4mm，下口与墙面平齐，使其成为斜面向上灰缝。

⑮（清水墙）凹缝

清水墙中，凹进砖砌墙面的灰缝。

⑯（清水墙）凸缝

清水墙中，凸出砖砌墙面的灰缝。

⑰（清水墙）元宝缝

清水墙中，凸出砖砌墙面，截面呈圆

弧形的灰缝。

⑱山墙

建筑中起承重作用的横墙，包括内山墙和外山墙。

⑲风火墙

即"封火墙"，排式房屋中高出屋面的墙体，阻止火势向旁边蔓延的内山墙。

⑳马头墙

联排式房屋中高于两山墙屋面的山墙形式。因其形似马头，故称"马头墙"。

㉑空斗墙

采用砖平砌和侧砌两种砌筑方法交替砌筑而成、中间部分空心的墙体。

㉒眠砖

空斗墙中平砌的砖。

㉓斗砖

空斗墙中侧立砌筑的砖。

㉔窗肚墙

在建筑外墙中位于窗洞下方的墙体。

㉕窗间墙

水平向两窗洞之间的墙体。

㉖构造柱

在砌体房屋墙体的规定部位，按构造配筋，并按先砌墙后浇柱的施工顺序制成的混凝土柱，可提高房屋抗震性能，通常称为"混凝土构造柱"，简称"构造柱"。

㉗护角石

在建筑外墙阳角根部，用于保护墙体的石作。

㉘钢筋砖过梁

在砌筑砖墙时中间夹钢筋，在孔洞上方的砌体与钢筋构成的过梁。

㉙砖拱

在门窗等洞口上方，（砖砌的、利用砌体组成的拱券来）承受上部竖向荷载的砖砌拱，立面形式包括平拱和圆弧拱。

㉚（砖）发券

砌体结构中的拱。

㉛砖旋

即"砖券"，建筑门窗洞口上部或周边用砖砌筑出来的造型。

㉜台口线

在建筑外立面上的腰线之间，或在窗口上、下檐及阳台板远端粉出或砌出的水平装饰线条。

㉝腰线

建筑外墙面上，在楼层位置或墙体变截面部位砌出的一道通长水平装饰线。

㉞山花

外山墙外侧顶部的花饰。

㉟彩牌（头子）

硬山式建筑山墙及风火墙两端檐柱、墙柱以外、用以承载出檐墙与屋面的荷载，北方称为"墀头"。

㊱烟囱冒头

砖砌烟囱顶部局部凸出的兼具防水和装饰作用的构造。

㊲桁枕

即"桁条垫头"，是砌筑在墙内搁置桁条的构件，用于每排房屋两侧山墙及不出顶的承重墙，使桁条不伸入防火墙，以防火灾蔓延。

（2）材　料

①统一砖

即"九五砖""标准砖"，黏土烧结而成，规格为240mm×115mm×53mm 的建筑用砖。

②八五砖

黏 土 烧 结 而 成，规 格 多 为216mm×105mm×43m、220mm×

105mm×43mm、200mm×105mm×43mm 的建筑用砖。

③黄道砖

用于立帖柱间分隔空间的黏土烧结而成的小砖，常用尺寸多为150mm×80mm×22mm。

④烂泥石灰

由石灰和泥拌和而成，在砌墙时用于固结块材的建筑材料。

（3）工　艺

①拆砌

对损坏严重的整面或部分既有砖石墙体，由上向下逐层拆除清理后，重新进行砌筑的做法。

②新砌

在原来没有砖墙的地方进行砌筑。

③挖砌

将损坏墙体局部挖空后，重新砌筑挖空部分墙体的做法。

④镶砌

将砌体孔洞用砌块砌筑封堵的做法。

⑤一顺一丁（砌法）

一层砌顺砖、一层砌丁砖，相间排列、重复组合的砌体砌筑方法。

⑥砂包式（砌法）

即"十字式"或"梅花式（梅花丁）"砌法，在同一皮砖层内一块顺砖一块丁砖间隔砌筑（转角处不受此限），上下两皮砖间竖缝错开1/4砖长，丁砖在四块顺砖中间形成梅花形的砌体砌筑方法。

⑦梅花丁（砌法）

即"砂包式（砌法）"。

⑧一斗一皮

在空斗墙砌筑过程中，每隔一皮斗砖（侧砌的砖）砌筑一皮眠砖（平砌的砖）的砌筑方法。

⑨二斗一皮

在空斗墙砌筑过程中，每隔二皮斗砖（侧砌的砖）砌筑一皮眠砖（平砌的砖）的砌筑方法。

⑩斩粉

将墙面损坏的粉刷层斩除后重新粉刷的做法。

⑪拆砌粉

在拆砌的墙体等表面新做粉刷。

⑫新砌粉

在新砌、新做各类墙体表面新做粉刷。

⑬砌粉

斩粉、拆砌粉、新砌粉的统称。

⑭刨砌

先在块材上刨好花饰，再进行砌筑的清水墙花饰做法。

⑮砌刨

先进行砌筑，再在砌筑好的墙体上刨花饰的清水墙花饰做法。

3．木结构工程

（1）基本名词

①立帖构架

即"穿斗式木结构"，由木柱直接承受竖向荷载、木梁主要起联系木柱增强稳定作用的木结构构架。

②五柱落地

由落地、成排的五根木柱和木梁组成，由木柱直接承模的立帖构架。

③中柱

在木构架中，位于正中屋脊线位置的木柱。

④金柱

在木构架中，位于檐柱内侧且相邻的

木柱。

⑤步柱

即"金柱"。

⑥檐柱

在木构架中，檐下最外一列支承屋檐的木柱。

⑦廊柱

在木构架中，位于廊下前列，用于支承廊檐的木柱。

⑧矮囡

即"童柱"，木构架中下端不落地、立在梁架上的矮柱。

⑨百灵柱

木阳台上用于支承阳台屋面荷载的两根木立柱。

⑩廊穿

即"廊川"或"二架梁"，在立帖木构架中，位于廊柱和步柱之间的梁。

⑪进深大料

在立帖木构架中，位于前后檐柱间的通长大梁，是木楼面的传力构件。

⑫中桁

即"脊桁"，位于正脊处（中柱上方），连接两副木构架、承受屋面荷载的桁条。

⑬步桁

位于步柱中心线上方，连接两副木构架、承受屋面荷载的桁条。

⑭檐桁

位于檐柱中心线上方，连接两副木构架、承受屋面荷载的桁条。

⑮廊桁

位于廊柱中心线上方，连接两副木构架、承受屋面荷载的桁条。

⑯沿缘木

位于楼盖位置的墙体里面，沿墙体水平轴线方向放置，用于搁置楼面搁栅的方木。

⑰牵杠

即"穿柱搁栅"，在立帖木构架中，当采用柱对搁栅进行支撑时，固定在柱上，用于支承楼面搁栅荷载的水平木梁。

⑱台型木

即"托肩"，立帖木构架中，固定在柱头侧部，用于托住牵杠的木构件。

⑲楼搁栅

在木楼盖中，用于支承楼板，将荷载传递给承重墙或立帖构架的木构件。

⑳架空地搁栅

支撑在地垄墙上、用于底层架空地板，便于通风的木搁栅。

㉑剪刀撑

在楼板搁栅间，成对交叉放置，用于增强搁栅侧向稳定性的木条。因形似张开的剪刀，故名"剪刀撑"。

㉒人字木屋架

由上弦（人字木）、下弦（天平大料）及腹杆等木构件组成的用于屋顶结构的三角形桁架。

㉓人字钢木屋架

受压杆件（如上弦杆及斜杆）采用木材制作，受拉杆件（如下弦杆及拉杆）采用钢材制作，下弦杆采用圆钢或型钢材料的三角形桁架。

㉔上弦

即"人字木"，在人字屋架里，从支座到屋架顶点的两根斜放受压构件。

㉕下弦

即"天平大料"，在屋架里，两头支座间的一根水平受拉构件。

㉖腹杆

在人字屋架里，上弦和下弦当中，直立或斜放的构件。

㉗鸭嘴巴

屋架端节点处上弦端部所做齿榫部位。

㉘保险螺栓

即"斜撬螺栓"，在屋架端节点处，贯穿上下弦、并与上弦轴线垂直的，用于防止端节点剪坏而导致屋架突然坍塌的螺栓。

㉙蚂蟥搭

即"蚂蟥钉"，木结构中用于加固节点连接的，形状"∩"形的铁质结构配件。

㉚单齿连接

支座处上、下弦交接，在下弦挖一个槽与上弦榫接，仅通过一个槽齿把上弦传递下的压力传给下弦再传至支座的木结构连接方式。

㉛双齿连接

支座上、下弦交接处，通过两个槽齿把上弦传递下的压力传给下弦再传至支座的木结构连接方式。

㉜板条平顶

采用木板条钉成片，或秸秆编成帘子，然后固定在房屋内部的桁条、椽子或搁栅上，起遮挡作用的平顶。

㉝椽子平顶

通过在椽子底面钉板条、纤维板、三夹板、石膏板等饰面材料形成的平顶。

㉞老虫（鼠）平顶

直接固定在坡屋面椽子或桁条下方的斜平顶。

㉟搁栅平顶

通过在搁栅底面钉板条、纤维板、三夹板、石膏板等饰面材料形成的平顶。

㊱桁条平顶

通过在桁条底面钉板条、纤维板、三夹板、石膏板等饰面材料形成的平顶。

㊲闷筋式梯段

踏步嵌于扶梯基上、从扶梯基外侧面看不到踏步的梯段。

㊳扶梯筋

即"扶梯基"，楼梯梯段范围内，用于支承踏步的斜梁。

㊴千斤搁栅

在木楼面中，横向布置、用于支承楼梯斜梁等构件的平台搁栅。

㊵伏汤头

在木楼面中，纵向布置、搁置在千金搁栅上的平台搁栅。

㊶踏板

即"楼梯踏步板"，搁置在梯段斜梁三角木上面水平放置、用于踩踏的长条形板材。

㊷踢板

即"楼梯踢脚板"，踏步中与踏步板垂直的长条形板材。

㊸三角木

钉在楼梯梁上、用以固定踏步板和踢脚板的三角形木块。

㊹扶手弯头

楼梯扶手的转接部分。

㊺扶手柱

在扶手起步或上下连接处设置的木方柱。

（2）材　料

①硬木

质地细致、材质坚硬的木材，如柳桉、水曲柳、檀木等。

②松木

由针叶植物（如白松、美松、红松等）的树干制成的材料。

242

③洋松

进口松木。

④美松

北美产的松木。

⑤柳桉

产于东南亚、质地坚硬的木材，如红柳桉、白柳桉、黄柳桉等。

⑥水曲柳

材质坚韧、纹理美观、木质结构粗的硬杂木材料。

（3）工 艺

①华正

立帖构架修缮中，在不落架的情况下对木结构的歪闪、倾斜、局部下沉、个别构件糟朽等情况进行校正、复位的做法。

②华平（楼板搁栅）

通过增设支撑、增加垫块等方式对搁栅、楼板进行修缮，使楼面平正的做法。

③拆摆

将原木构件拆卸后重新安装的做法。

④ 新摆

制作并安装木构件，入墙部分刷防腐油的做法。

⑤调换（木桁条）

对已不胜载荷、有结构隐患，并有较大挠度和裂缝的桁条进行更换的做法。

⑥刨光

用刀具刮擦使木构件表面光滑或干净的处理方法。

⑦不刨光

不进行表面光滑或干净处理，保持木构件表面原有状态的处理方法。

4.屋面工程

（1）基本名词

①悬山顶

即"挑山"，屋面檐部挑出山墙的屋顶。

②硬山顶

屋面檐部不挑出山墙的屋顶。

③出山顶

山墙超出屋面，起防火或装饰作用的屋顶。

④孟沙式屋面

法式风格的双折坡屋面。

⑤屋脊

沿着屋面转折处或屋面与墙面、梁架相交处，用瓦、砖、灰等材料做成，兼有防水和装饰两种作用的砌筑物。

⑥正脊

坡顶房屋中部、沿桁条方向、屋顶最高处的屋脊。

⑦戗脊

即金刚戗脊，俗称岔脊，歇山屋面上与垂脊相交的脊。

⑧鳗鲡脊

即"和尚脊"，多层中瓦叠放后，再外粉成半圆形的屋脊形式，一般用于中瓦屋面上。

⑨刺毛脊

中瓦竖放，上铺望板砖，然后顶部粉刷（侧面不粉）后形成的屋脊形式。

⑩天沟

屋面与屋面或墙面交界处水平向排水沟槽。

⑪斜沟

两个相折坡屋面交接处用于排水的斜沟槽。

⑫顺水条

平瓦或筒瓦屋面上，位于挂瓦条下方，用于固定防水卷材、连接挂瓦条的顺水方向板条。

⑬挂瓦条

即"格椽"，固定在顺水条上方，用于固定屋面瓦片的水平向板条。

⑭蟹钳瓦

坡屋面斜沟的中瓦屋面收头处，垫在盖瓦下面，形状如蟹钳的瓦片。

⑮底瓦

中瓦或筒瓦屋面中凹面朝上布置的瓦片。

⑯盖瓦

中瓦或筒瓦屋面中凹面朝下布置的瓦片。

⑰泛水

用来遮盖屋面与垂直面之间缝隙、防止雨水漏入室内的防水处理构造。

⑱铁皮落底泛水

当屋面上大下小、导致山墙檐口夹角大于直角时，在山墙处铺钉底板及椽条，然后铺盖预制白铁的防水做法。

⑲铁皮靠墙泛水

白铁皮一端嵌钉在靠墙木嵌条上，再用水泥、石灰、砂混合砂浆粉牢，使白铁皮另一端至少盖没半张瓦形成的防水做法。

⑳铁皮踏步泛水

平瓦屋面与垂直墙面相交处，在每张瓦片口盖上一张白铁皮做的、呈踏步形的防水做法。

㉑挑出泛水

在高出屋面二到三皮砖的地方，将砖挑出1/4砖长，用水泥、石灰、砂混合砂浆粉平，然后在下面做粉刷的防水做法。

㉒岸塘泛水

在风火墙与坡屋面顶部交接处，采用砖砌一到二皮砖砌筑的防水做法。

㉓靠墙泛水

屋面靠近山墙部位的防水做法，包括靠墙中瓦泛水、靠墙白铁泛水、靠墙粉泛水三种类型。

㉔靠墙中瓦泛水

在中瓦屋面的山墙（或封火墙）与屋面相交处，先铺1:3石灰煤屑或黄沙砂浆，然后上铺中瓦（一般为一搭二），瓦侧与墙面 接触处用1:1:6水泥、石灰、砂浆粉刷的防水做法。

㉕天沟泛水

在屋面天沟部位所做的防水做法。

㉖天窗泛水

屋面在靠近天窗部位所做的防水做法。

㉗烟囱泛水

屋面在靠近烟囱部位所做的防水做法。

㉘压顶

露天墙顶上用砖、瓦、石料、混凝土、钢筋混凝土、镀锌铁皮等筑成的覆盖层。

㉙压顶出线

在压顶顶面和侧面，采用水泥、砂浆等材料粉出，起装饰、防水、防火等作用的装饰构造。

㉚瓦楞出线

硬山或悬山屋盖的屋面平瓦瓦片与山墙收头处，粉出用于防止瓦片和山墙交接处渗漏水的装饰线条。

㉛苫衣楞出线

硬山屋盖的中瓦屋面与山墙相交处（即瓦片收头处），使用两楞盖瓦挑出山墙、防止雨水进入室内或墙体的线条。

㉜雨棚

安装在建筑物（如门、窗）顶部用以遮挡阳光、雨、雪的覆盖物，材料有帆布、树脂、塑料、铝复合材料等。

㉝封檐板

在檐口外侧挑檐处钉置的水平木板，使檐条端部和望板免受雨水侵袭，也增加建筑物美感。

㉞封山板

即"博风板"，在模条顶端钉置的水平木板，起到遮挡桁（模）头和美观装饰作用。

㉟老虎窗

坡屋面上开设的突出屋面兼有通风和采光功能的窗户。

㊱撑窗

置于坡屋面上，用于采光通风的可以通过撑棒向外开启的窗户。

㊲天窗

安装于屋顶，能有效使屋内空气流通，增加新鲜空气进入，增加采光的窗户。

㊳呆天窗

固定于屋面上仅用于采光，不能开启的窗户。

㊴横水落

位于屋面檐口外侧，水平设置的、用于集中屋面雨水的沟槽。

㊵水斗

雨水管上端用于承接屋面雨水（排水管的排水）的漏斗形配件。

㊶落水

即"雨水管"，又称"落水管"。

㊷摇手弯

连接横水落与水斗或落水管的弯头。

㊸狗食钵

置于亭子间屋面顶部，用石材或钢筋混凝土制作的水平排水构件。

㊹坐墙水落

固定在墙体顶部的横水落。

㊺天沟落水

沿天沟方向的水平排水设施。

（2）材　料

①平瓦

即"机制平瓦"，采用机器制造、以黏土为原料烧结而成的平板式瓦片。

②中瓦

即小青瓦，采用黏土烧制而成，圆弧形、黑灰色，大小一般为200mm×（180～220）mm的瓦片。

③筒瓦

黏土烧制，断面弧形或半圆形，两端大小相同的红色瓦片，较多使用在西班牙式建筑屋面中。

④脊瓦

覆盖屋脊，并与屋脊两边斜屋面上的瓦相搭接、用来防水止漏、御风固顶的槽形瓦。

⑤瓦固头

中瓦屋面檐口部位，置放在瓦垄上勾头位置的装饰部件。

⑥望板砖

即"望砖"，平铺在屋顶椽子上面的薄砖。

（3）工　艺

①改做（屋面）

拆除原屋面，改做新屋面系统的做法。

②翻做（屋面）

拆除原屋面，做成原来一样的屋面系统的做法。

③检修（屋面）

检查并局部修理屋面的做法。

④（瓦）卸落地

把屋面瓦片拆卸至地面的修缮方式。

⑤粉瓦头

即"花边"，在翻做中瓦屋面工程中，

屋面檐口不做横落水时，为了增加檐口瓦头美观，在檐口用纸筋、石灰等材料进行窝实粉平（粉瓦固头）的做法。

⑥新铺（屋面板）

在原先没有屋面板的屋顶上铺屋面板。

⑦拆换（屋面板）

拆除原屋面板，换新屋面板。

⑧拆铺（屋面板）

拆除原屋面板，并利用原材料重铺屋面板。

⑨检修（屋面板）

检查并局部加钉屋面板。

⑩楞摊瓦

无屋面板或望板砖，把瓦片直接搁置在格椽条（或椽子）上的屋面做法。

⑪粉压顶（浇背）

在压顶顶面用水泥砂浆刮糙、粉出弧形（中间高、两侧低）线条的做法。

⑫包檐（女儿墙）

檐墙檐口上部砌筑压檐墙，将檐口包住的做法。

⑬樽楞

利用碎瓦等材料在底瓦下填塞、垫实，使底瓦保持平稳的固定措施。

⑭窝实

即"中瓦坐灰"，坡度在30°以上的屋面中，为保证底瓦、盖瓦稳固，选用石灰胶泥对瓦片加固的措施。

⑮出楞做脊

中瓦屋面中先对中瓦拍楞后再做屋脊的做法。

⑯（平瓦）吊铜丝

坡度在30°以上的平瓦屋面，为防止平瓦松落滑移，对其进行铜丝吊挂的技术措施。

5．粉刷工程

（1）基本名词

①干粘石

在墙面刮糙的基层上抹上水泥浆，撒石子并用工具将石子压入水泥浆里面做出的饰面层，多用卵石作为石子。

②水刷石

即"汰石子"，用水泥、石屑、小石子或颜料等加水拌和，抹在建筑物表面，半凝固后，用硬毛刷蘸水刷去表面水泥浆而使石屑或小石子半露的人造石料的饰面层。

③磨石子

即"水磨石"，大理石和花岗岩或石灰石碎片混入水泥混合物中，经用水磨平表面的饰面层。

④斩假石

即"剁斧石"，将掺入石屑及石粉的水泥砂浆涂抹在建筑物表面，硬化后，用斩凿方法使其成为有纹路石面样式的饰面层。

⑤台度

即"墙裙"，在建筑墙面底部上距地一定高度范围之内用水泥、装饰面板、木线条等材料包覆墙面的饰面层。

⑥勒脚

建筑物外墙与室外地面或散水的接触部位采用水泥砂浆或其他材料对墙面进行加厚，用于保护墙角和装饰墙面的装饰层。

⑦板条墙

在木材立筋上钉稀板条、外粉砂浆后形成的分隔墙。

⑧钢丝网（或钢板网）板条墙

在木材立筋上先钉稀板条，再加钉钢丝网（或钢板网）并做粉刷的分隔墙。

（2）材　料

①面砖

贴在建筑物表面的饰面砖。

②瓷砖

以耐火金属氧化物及半金属氧化物，经由研磨、混合、压制、施釉、烧结等过程，而形成的耐酸碱的瓷质或石质建筑或装饰材料。

③泰山砖

采用陶土烧制而成、尺寸如砖的外墙装饰面砖。因由上海泰山耐火砖厂研制出来，故称为"泰山砖"。

④马赛克

建筑上用于拼成各种装饰图案用的片状小瓷砖。

⑤柴泥石灰

由石灰膏、泥及起拉结作用的柴草拌和而成的粉刷材料。

⑥纸筋石灰

由石灰与稻草拌合，经熟化后而成，用于内墙或平顶粉刷的刮糙或罩面的饰面材料。

⑦衬光灰

将纸筋石灰用铁板重复直插，使纸筋灰的纸筋沉底，上部形成的，主要用于纸筋石灰墙面饰面的细腻浆料。

（3）工艺

①（石材面）出新

通过打磨、擦洗、白蜡上光等方法，使石材表面呈现光泽、纹理等新面的石材面修缮方法。

②（清水墙）全补全嵌

对风化、疏松、剥落的清水墙砖面和灰缝，进行全面修补砖面、填嵌灰缝残缺的修理方法。

③（清水墙）局部补嵌

仅对局部损坏的清水墙墙面和砖缝进

行填嵌修补的修理方法。

④（清水墙）嵌缝

采用与原墙面灰缝相同或相近的材料，修补、复原清水墙面残损灰缝的做法。

⑤（清水墙）原浆勾缝

清水墙砌筑时，随砌随勾缝，不另做勾缝的做法。

⑥（清水墙）砖面修补

采用砖片或砖粉对残损清水墙砖面进行替换、修补、复原的做法。

⑦粉底层

即"刮糙"，墙面抹灰施工时，对基层进行的第一道抹灰工序。

⑧粉面层

刮糙后，对墙面进行粉刷饰面的工序。

⑨出柱头

即"小拓饼"，拉镜线、挂直、做灰饼和灰梗子等，达到墙面粉刷平整的做法。

⑩拉毛

用水泥浆，采用棕刷等工具在墙面拉拔，形成毛面装饰效果的墙面做法。

6. 楼地面工程

（1）基本名词

①水磨石地面

将碎石颗粒掺入水泥混合物中，经用机械加水湿润反复磨去表面突出碎石至平滑的地面。

②夹砂楼板

在里弄房屋中，以木搁栅木板支撑，用煤屑、石灰、砂子浇筑形成的楼板，用于部分代替混凝土楼板。

③木地面

在地面上铺木搁栅，在其上做木地板的地面做法。

④红缸砖地面

在地面上做素混凝土垫层后，再铺红缸砖的地面做法。

⑤金刚砂防滑条

为提高楼梯踏步口耐磨度和防滑性能，在水泥等建筑材料中混入金刚砂制成的防滑条。

⑥马赛克防滑条

用马赛克作为防滑材料的防滑条。

⑦踢脚线

即"脚踢板""地脚线"，安装在室内墙面、柱面根部，采用木或塑料等材料制成、起保护和装饰作用的带状构造。

⑧凸角线

安装在踢脚线与地面相接处的三角形截面条状装饰构件。

（2）材　料

①缸砖

即"红缸砖"，用陶土为主要原料烧成的暗红色面砖。

②水泥花砖

用水泥砂浆预制、具有一定造型，拼砌后具有观赏效果的饰面砖。

③方砖

用于地坪铺饰的方形面砖。

（3）工　艺

①磨石子地面抛光

将草酸干粉、草酸溶液涂施在磨石子地面上，用磨石子机压麻袋磨擦地面草酸溶液，并用软布细擦表面，直至表面光亮的做法。

②磨石子地面打蜡

用软布团将蜡涂施在磨石子地面上，并用打蜡机磨擦蜡层，将地面擦亮的做法。

③磨石子地面砂磨

机器打磨磨石子地面用的做法。

④地板刨磨光

使用刨子对原木地板面层进行刨光、磨平的做法。

⑤新做地搁栅

新做地垄木搁栅。

⑥拆换地搁栅

拆除、更换严重损坏的地垄搁栅。

⑦整修地搁栅

对存在变形的地垄搁栅进行矫正修理。

7．门窗工程、细木工程

（1）基本名词

①石库门

里弄房屋中，以条石作门框，实心厚木作门扇的建筑正大门。

②三冒头木门

三根横框的木门。

③四冒头木门

四根横框的木门。

④五冒头木门

五根横框的木门。

⑤企口板木门

采用企口板作为门板、冒头和斜撑的直板门。

⑥满固门

采用暗冒暗梃，用三夹板或木屑板双面罩面的室内门。

⑦落地长窗

用于分隔里弄房屋客堂和前天井空间、面对天井设置的充满整个客堂开间的长窗。

⑧裙板

位于落地长窗下部的长方形木板，一般绘有彩画或雕刻有各种花纹。

⑨摇梗窗

采用木摇梗、木臼或铁臼连接窗扇和窗框的窗户。

⑩橙子

固定在洞口用于安装门或窗的框。

⑪梃

门扇、窗扇两侧直立的构件。

⑫冒

门窗扇横置的边框构件，分为上冒、中冒、下冒。

⑬上槛

门窗橙子顶部的横向构件。

⑭下槛

门窗橙子下部的横向构件。

⑮拖水冒头

装在外墙木窗下冒头外侧，用于防止雨水进入室内的水平向、带滴水线的板条。

⑯披水板

装在外墙钢窗下冒头外侧，用于防止雨水进入室内的钢板。

⑰门窗套

在门窗洞口橙子两个立边的垂直装饰面。

⑱筒子板

垂直门窗、位于门窗橙子侧面的装饰板。

⑲贴脸

即"贴面""门头线"，为了遮盖门窗框与内墙面间缝口而安装的盖缝条。

⑳木长门

双扇石库门中的栓。

㉑木横门

位于木门背面用于控制木门开启或闭锁的横木。

㉒铁扁担

石库门中控制门扇启闭的五金件。

㉓活络百叶窗

可通过改变百叶角度从而调节透光量的百叶窗。

㉔活络棒

连接百叶，用于整体调整百叶角度的竖向木条。

㉕铁曲尺

用于加固门窗梃、冒头端部等木构件节点的金属构件。

㉖风钩

用于固定窗户开启或关闭状态的金属配件。

㉗挂镜线

内墙面上部装置水平统长的狭木板，用于挂镜架等。

㉘护墙板

即"墙裙""壁板"，室内装饰中采用木板材制成，覆于墙面起装饰和保护作用的构件。

(2) 工 艺

①（门窗）整理

对存在变形、开关不便的门窗用木楔校正、更换五金件、钉木塞等的维修行为。

②（门窗）拆装

拆除并重新安装门窗的做法。

③接一梃

当门窗梃的上端或下端损坏时，对该木梃进行局部修接的做法。

④换一梃

当门窗梃的上端或下端损坏时，对该木梃进行更换的做法。

⑤换冒头

修复和更换木门窗框冒头的做法。

⑥梃拼阔

当门窗的梃与框出现较大缝隙时，在

梃外侧拼钉木条以缩小梃与框的缝隙的做法。

⑦换芯子

更换木窗损坏的木芯子。

⑧冒头拼宽（垫宽）

木门窗冒头截面缺失严重、缝隙过大时，在冒头外侧钉木头进行拼宽处理的做法。

⑨接门板

对石库门下部局部腐烂木板局部锯换修接的做法。

⑩接（换）盖缝条

拼接、修复或新换木板盖缝条的做法。

⑪换木横门

修复或更换木横门的修缮做法。

⑫换铁横插

更换铁横插的修缮做法。

⑬塞橙子

即"塞口""嵌橙子"，为了加强窗橙与墙的联系，在砌墙时先留出窗洞，后再安装窗橙的做法。

⑭立橙子

砌墙时先立门窗橙子再砌墙的做法。

⑮拼橙

对较大的门窗洞口，由于洞口太大或窗户不适合做成一整橙，用拼橙料将窗洞口分割成若干个单橙窗的独立洞口的做法。

8. 涂饰工程

(1) 基本名词

①新墙面

墙体新粉刷墙面的面层。

②旧墙面

墙体原有粉刷面层。

③裱糊（工程）

在室内平整光洁的墙面、顶棚面、柱体面和室内其他构件表面，用壁纸、墙布等材料裱糊的装饰工程。

④裱糊基层

直接承受裱糊工程施工的墙壁面层。

(2) 材　料

①生漆

未经加工的天然漆料。

②熟漆

生漆经日晒或低温烘烤，脱去部分天然水分后形成的漆料。

③广漆

熟漆中加入熟桐油或苏子油等其他材料形成的漆料。

④凡立水

即"清漆"，不含着色颜料的漆料。

⑤调和漆

在清漆基础上加入颜料制成的漆料。

⑥蜡克漆

即"硝基清漆"，是由硝化棉、醇酸树脂、增塑剂及有机溶剂调制而成的不含颜料的透明漆料。

⑦防火漆

由成膜剂、阻燃剂、发泡剂等多种材料制造而成的阻燃涂料。

⑧银粉漆

用银粉（铝粉等）加稀料搅拌后的涂料。

⑨红丹

即"红丹漆"，用红丹与干性油混合而成的防锈涂料。

⑩出白药水

在油漆工程中用于对基层进行软化处理的化学药剂。

⑪乳胶腻子

采用白乳胶（聚醋酸乙烯乳液）、滑石

粉、石膏粉、纤维素等配合而成，用于批刮基层，使墙面平整的底层涂料。

⑫油性腻子

采用石膏粉、熟桐油、清漆（酚醛）、松节油等搭配调制而成，用于填平原基层墙面上的钉眼等缺陷的涂饰工程底层涂料。

(3) 工　艺

①新做（油漆工程）

铲除既有油漆，重新清理（出白）、刷底油、批嵌、打砂皮、抄油、复油的做法。

②原粉起底

在粉刷工程的涂饰层修缮时，对原饰面层进行清理的处理方式。

③（旧墙面）起底一般

原涂饰材料为水性涂料等，原涂层清理容易的情况。

④（旧墙面）起底困难

墙面或平顶原有涂饰材料为油性涂料，原涂层清理比较困难或原为水性涂料，经过油烟等污染，原涂层清理比较困难的情况。

⑤出白

油漆工程中清除构件涂层的处理方法。

⑥全出白

铲除门窗等构件的全部油漆，包括正面和侧面，以及门窗框料凹槽处。

⑦半出白

铲除门窗等构件油漆起壳、脱落处和锈蚀处的油漆，以及门窗框正面油漆。

⑧修出白

门窗等构件表面涂层基本完好，只有少量油漆起壳、脱落和锈蚀需要铲清，而其他油漆完好部位无需铲除油漆。

⑨敲铲出白

采用敲铲方式去除表面油漆的基层处理方式。

⑩退漆出白

使用化学药剂去除表面油漆的基层处理方式。

⑪原油冲出白

使用喷灯烘烤油性涂层，去除油漆涂膜层的基层处理方式。

⑫润油粉

用钛白粉和颜料，再加熟桐油、松香水等混合成膏状，采用棉纱团或麻丝团沾上油粉，来回多次涂拭木材表面，将洞眼擦平的做法。

⑬一底二度

刷一遍底漆做基层，再刷二遍相同面漆罩面的做法。

⑭拉毛面

在墙面做了水泥砂浆后进行拉毛处理，不刮腻子，直接喷涂料的墙面处理做法。

⑮粉光面

对墙面水泥砂浆进行抹灰、刮腻子、刷乳胶漆处理，形成表面光滑效果的墙面粉刷方式。

⑯清水

使用不含着色物质的透明涂料，露出涂饰面颜色与花纹的涂饰做法。

⑰混水

使用含有颜料的不透明涂料，完全盖住涂饰面颜色与花纹的涂饰做法。

⑱汰树筋

用水色涂料，并用薄橡皮制成粗或细的锯齿形小块在物体面上划、拉、拌、漂、洒等技巧，做成各种木纹的图案或花纹的涂饰做法。

⑲（木地板）烫硬蜡

为了保护木地板，使用熔化的热蜡进

行嵌缝及表面处理的做法。

⑳锦缎上浆

为使柔软的锦缎平整挺括、便于裁剪和裱贴上墙，在锦缎背面涂刷浆液的做法。

㉑顺光搭接

壁纸、墙布等材料搭接时采取顺光线方向搭接以求美观的做法。

㉒拼花

在裱糊工程中两块相邻材料拼接时，要求花纹和整体图案吻合的做法。

㉓不拼花

在裱糊工程中，不要求两块材料拼缝处颜色一致、花纹对齐的做法。

9. 电气工程

(1) 基本名词

①竖向明管

楼层配线箱子（过路箱）之间上下连接的明装竖直管路。

②横向明管

同一楼层内连接楼层配线箱、过路盒与每家住户之间的明装水平管路。

③过路箱（盒）

电气工程中为方便线路施工和维护而设置的箱（盒）体。

④桥架

支撑、敷设电气线路的支架。

(2) 材料

①火表

即"电表"。

②白料

安装于电表附近，防止电量过载引起事故的陶瓷配件。

③保险丝

即"电熔丝"，在电路中串联电阻率较

大而熔点较低，当过大电流通过时即熔断，自动切断电路起到保险作用的金属丝。

④接线盒

连接电线管、容纳电线接头，起到过渡、分线和保护作用的方形盒状电工辅料。

⑤86型开关

边长86mm的方形电器开关。

⑥电线管

穿用和保护电线的护套管。

⑦塑料护口

在电线管口用于保护电线磨损的配件。

(3) 工艺

①明配

电线管在墙面、天棚等明面敷设。

②暗配

电线管在地面垫层内、墙体内、顶板内随施工敷设。

③明装开关

将开关装在墙外的做法。

④暗装开关

将开关埋在墙里的做法。

10. 水卫工程

①消防接合器

连接消防车水泵与建筑物内已建成消防设备的建筑配套消防设施。

②喷淋水

即"消防喷淋头"，消防喷淋系统的洒水喷头。

③丝牙

即"螺纹"。

④坑管

即"污水管"。

⑤三通

即"管件三通"或"三通管件""三

通接头",用在主管道要分支管处,改变流体方向的接头件。

⑥弯头

改变管路方向的管件,按角度分为45°弯头、90°弯头及180°弯头等。

⑦闷头

水管端部的封堵构件。

⑧格林

在水表与水管连接时,用于调节金属水管与其他材料的非金属水管间距的连接配件。

⑨油任

在水管连接时,用于调节相同管径水管间间距的连接配件。

⑩卜申

在水管连接时,用于调节不同管径水管间间距的连接配件。

⑪生料带

即"聚四氟乙烯带",给排水工程中普遍使用在管道接头处的带状密封材料。

⑫煨弯

通过加热方式把直管加工成弯管的做法。

11. 沟路工程

①容井

设置在排水管道的转弯、分支、跌落等节点处,便于检查、疏通用的竖向构件。

②明沟

建筑外墙根部周边设置的排水沟。

③十三号(沟头)

在明沟雨水管口处设置的带孔预制排水构件,分9孔大十三号和5孔小十三号。

④茄里

用混凝上或铸铁等材料预制带孔配件,在室外地坪中用于雨水排放,其规格有580mm×480mm和450mm×400mm等。

⑤路缘石

分隔车道与人行道或绿化带、分隔带的预制构件,包括侧石和平石。

⑥侧石

即"立道牙""立缘石",竖向侧立的路缘石。

⑦平石

铺砌在路面与侧石之间的平置路缘石。

查勘任务单由陈中伟提供,其余表格选自《房屋维修加固手册》,中国建筑工业出版社,1988.

名词术语来自上海市工程建设规范《房屋修缮工程术语标准》(DG/TJ 08—2288—2019)

以下图书已经出版，敬请关注

国内第一部系统论述历史环境保护的著作，2001年底出版至今，好评如潮，已成为该领域的基础文献。结合最新进展，推出第三版。

原书1940年前后由侵华日军"支那派遣军"司令部刊行，较详细介绍了华北、华中、华东、中南等地100余座城郭，基本以1/10000平面图、剖面图等标示城门位置、城内主要街道走向、城墙壕沟和护城河及桥梁位置等。部分城郭还标记有城内住户和人口数。标示尤为详细的是城门结构、城墙厚度和护城河深度。图中详细记载了有关城郭都市整体结构的各种数据和信息，并有多幅1/500详图。这些城郭多已不存，书中保留的这部分资料对于研究城市史、建筑史等，无疑具有重要的参考价值。

堂口是街道公共空间和居民私密空间的转换节点，出了弄堂口，就汇入城市的滚滚红尘；进了弄堂口，就躲进小楼成一统……这是大部分上海人的"接头暗号"！

精选一百多幅作品，涵盖上海中心城区主要区域。中英对照，并附所在地块图，其中不少作品其原址已经拆除。这本画册成为记录乡愁的见证。精选一百多幅作品，涵盖上海中心城区主要区域。中英对照，并附所在地块图，其中不少作品其原址已经拆除。这本画册成为记录乡愁的见证。

详情垂询，请 E-mail：clq8384@126.com

上榜 2021 年 1 月《中国好书》榜单

荟萃上海城市发展史上的 14 个地标，既有一大会址、周公馆这样的红色纪念地，也有独具深厚历史文化底蕴的人民广场、工部局大楼、永安公司、大世界、外白渡桥、法邮大楼，还有反映改革开放后上海城市发展变化的东方明珠电视塔、南浦大桥，更有上生·新所、"船厂 1862"等"网红打卡地"，以及从"工业锈带"变身"生活秀带"的杨浦滨江，充分反映了上海城市历史文化的精华。全书 400 多幅插图，绝大部分系档案馆馆藏，文书、地图、照片、实物兼具，中外文并收，其中不乏首次披露的珍贵档案资料……

《那样一个上海——薛宝其都市摄影选》

一个平民摄影家的影像记录，拍摄时间横跨上世纪五十年代至八九十年代。

关注细节、关注过程、关注日常生活，保留那个时代城市生活的视觉记录。

《陈迹—金石声与现代中国摄影》（中英对照，精装）

第一部比较系统论述著名摄影家金石声的著作，荣获第二届中国年度摄影图书称号。

金石声 (1910.12.26 ~ 2000.1.28)，本名金经昌，中国现代城市规划教育的奠基人、中国现代城市规划事业的开拓者。

这是一位跨越 70 年创作历程的摄影大师的"陈迹"，整本图册收录金石声从 1920 年代末至 1990 年代末内容广泛的千余幅摄影作品和 7 位一流专家学者的文章，内容繁复而编排得当，照片充满历史气息，珍贵耐看，文章角度不一而发掘深入。所收照片无论大小都印刷精准，层次把握微妙，精益求精，对专业摄影研究者和普通的文化和图像爱好者来说，都是值得关注的一部大作。